U0184344

国家社会科学基金艺术学重大招标项目

"绿色设计与可持续发展研究"

项目编号：13ZD03

绿色设计与可持续发展经典译丛

设计的精神：

THE SPIRIT of DESIGN:
OBJECTS
ENVIRONMENT and MEANING

[英]斯图亚特·沃克　著
STUART WALKER

李敏敏　译

物品、环境与意义

重庆大学出版社

序

在全球生态危机和资源枯竭的严峻形势下，世界上多数国家都意识到，面向未来，人类必须理性地以人、自然、社会的和谐共生思路制定生产和消费行为准则。唯有这样，人类生存的条件才能可持续，人类社会才能有序、持久、和平地发展，这就是被世界各国所认可和推行的可持续发展。作为世界最大的新兴经济体和最大的能源消费国与碳排放国，中国能否有效推进可持续发展对全球经济与环境资源的影响举足轻重。设计是生产和建设的前端，污染排放的增加，源头往往就是设计产品的"生态缺陷"。设计的"好坏"直接决定产品在生产、营销、使用、回收、再利用等方面的品质。因此，设计是促进人、自然、社会和谐共生，大有作为的阶段，也是促进可持续发展的重要行动措施。

正是在这个意义上，将功能、环境、资源统筹考虑的绿色设计蓬勃兴起。四川美术学院从2003年开始建立绿色设计教学体系，探讨作为生产生活前端的设计专业应该如何紧跟可持续发展的历史潮流，在培养绿色设计人才和社会应用方面起到示范带动作用。随着我国生态文明建设的推进和可持续发展的迫切需要，2013年国家社会科学基金艺术学以重大招标项目的形式对"绿色设计与可持续发展研究"项目进行公开招标，以四川美术学院为责任单位的课题组获得了该项目立项。

人类如何才能可持续发展，是一个全球性的课题。在中国，基于可持续发展的绿色设计需要以当代世界视野为参照，以解决中国现实问题为中心，将生态价值理念嵌入设计本体论，从生产与消费、生活与生态、环保与发展的角度，营建出适合中国国情、涵盖不同领域的绿色设计生态链条，进而建构起基于可持续发展的中国绿色设计体系，为世界贡献中国的智慧与经验。

目前世界上一些国家关于可持续发展的研究工作以及有关绿色设计学说的讨论与实践已经经历了较长的时间。尤其是近年来，海外绿色设计与可持续研究不断取得发展。为了更全面、立体地展现海外设计界和设计学术研究领域对绿色设计与可持续发展的最新研究成果，以便为中国的可持续设计实践提供有益的参考，有利于绿色设计与可持续发展研究起步相对较晚的我国在较短的时间内能迎头赶上并实现超越，在跟随先行者脚步的同时针对中国的传统文化背景与现实国情探寻我国的绿色设计发展之路，项目课题组经过反复甄选，组织翻译了近年国际设计界出版的绿色与可持续研究的数部重要著作，内容包括绿色设计价值与伦理、视野与思维、类型与方法等领域。这套译丛共有 11 本译著，在满足本项目课题组研究需要的同时，也具有为中国的可持续设计实践提供借鉴的意义，可供国内高校、研究机构和设计工作者参考。

"绿色设计与可持续发展研究"

项目首席专家：

目 录

引言 ｜ 001

1 桑博的石头 ｜ 007
　　可持续性与富有意义的物品 ｜ 007

2 追逐鬼火与幽灵 ｜ 021
　　通过以实践为基础的研究重置设计方向 ｜ 021

3 品位之后 ｜ 033
　　产品外观的力量与偏见 ｜ 033

4 现存物品 ｜ 047
　　透过设计来发现 ｜ 047

5 石块中的启示 ｜ 059
　　可持续性论证和可持续人工制品 ｜ 059

6 柔性组合 ｜ 087
　　适度移情的人工制品 ｜ 087

7 幻想的物化 ｜ 103
　　设计、意义与后消费主义物品 ｜ 103

8 设计的精神 | 119
    从尺八长笛获得的启示 | 119

9 专注 | 135
    使设计产品渐进耐久且意义永恒 | 135

10 暂时的物品 | 153
    设计、改变和可持续 | 153

11 世俗意义 | 173
    美学、技术和精神价值 | 173

12 无言之疑 | 195
    实体、虚拟、意义 | 195

后记 | 217

注释 | 222

参考文献 | 240

引言

圣灵呀，

您更偏爱在一切神殿前那心灵正直且纯洁之人，

请教诲我（吧），

因您无所不知。

———约翰·弥尔顿（John Milton）

我从事写作的书房是一间位于顶层的小屋，藏在一栋大型的乔治王朝风格建筑的东翼。这幢大楼曾是本地郡县的疯人院。现在，一条宁静的道路向远处延伸，在近旁公路的另一边转入一大片墓地。在那里，阴湿的石头簇拥着维多利亚时代风格的装饰物，简朴的军人墓碑矗立在大理石和花丛之中。四处生长的紫杉，年代久远，俨然是重生与不朽的象征符号。在此，时间感四处弥漫，让人不禁想到，变化乃为存在之本。这种显著的短暂感赋予了当下一种活力之美，此处的活力之美在升华的短暂感觉之中，也伴随着忧郁的色彩。

　　城镇背后，伫立着克劳哈·派克（Clougha Pike）泽地山坡。如果当年疯人院的居民爬上山坡向东南远眺，他们会看到远处平原上工业革命时代烟雾滚滚的车间与工厂。这里曾鲜明地表现出工业（化）的痕迹——合理化的生产、繁荣的商业、不可思议的财富积累和对资源大规模的开发利用。城市角落的肮脏和贫困也在这里滋生繁衍。这里是詹姆斯·布林德利（James Brindley）的世界，正是他通过运河系统建立了货物运输的格局。这里还是理查德·阿克赖特（Richard Arkwright）和塞缪尔·克朗普顿（Samuel Crompton）的世界。在此，他们率先建起大规模的棉纺工业。技术、理性、进步，曾在此融为一体。

　　如果那些人转身远望西北，他们就会看到一幅完全不同的画面。宽阔海湾沙滩连接着远处英国湖区壮观的丘陵地带，这里曾是英国浪漫主义的发源地；这里曾是汇集艺术、诗歌、文学、人类想象力、美学体验的世外桃源。与在南边崛起的工业和贸易相比，这个世界在许多方面反其道而行之。华滋华斯（Wordsworth）和柯勒律治（Coleridge）曾在这里徜徉漫步，将水仙花以及飞跃的云雀写入诗篇。透纳（Tuner）和康斯特布尔（Constable）也曾在这里捕捉到自然的神韵。

　　虽然这些坎布里亚（Cambria）的伟大诗人和画家早已逝去，兰开夏郡（Lancashire）那些"黑暗的邪恶工厂"[1]也已然是墨守辉煌过往的沉默哨兵，但两者各自带来的突出感受却依然留存。在这片土地上，理性、客观、进步、实用主义，同知性理解范围之外的审美意识、直觉、丰富的想象力，曾联袂翩跹。假如我们在世界上能够找到一个凝聚设计精神的典型场所，那它一定是这座迎风而立且同时看到两个不同世界的山峦。

设计是一种探究的方式

当今社会一个非常突出的特点就是对于金钱的过度关注。即使在高校，成本效益、竞争拨款和"现实世界"的经济效益也变为具有主导力量的主题，这一情况如此严重，以至于探索思想本身的意义反而被一些人看作是堂吉诃德式的幻想。

尽管目前的时代潮流与政府计划或市场行为一样短视，但探究感兴趣的领域仍然非常重要，不论这些领域是否能带来立竿见影的用处或效益。这才是学术探索之本。然而，从我在世界各地讲学和参会的经历来看，我屡屡被问到的问题集中于"我提出的设计如何能够被生产并销售出去""这些设计作为商品是否可行""我是否应该与公司合作将设计投入生产"。此类想法与创造性研究没有丝毫关系。

一个多世纪以来，设计始终服务于批量生产，所以我们知道如何找到为大众批量制造不断变化的产品的途径。但我们同时也意识到，这样的做法带来了前所未有的生态环境破坏、过度的社会剥削、日益严重的社会不平等。颇具讽刺意味的结果是，设计、生产、购物方面的发展并没有给人们带来幸福感。相反，不间断的产品广告给我们带来如影随形的不满情绪。

因此，对产品设计的意义加以反思至关重要。同时，我们还需反思产品设计的不良后果如何融入人们对于功能性物品的构想和生产中。我们必须探索能够展现出不同的情感和价值的其他设计形式。基于这种探索所形成的物质文化，不仅更符合环境保护和社会责任感的要求，同时也更符合对于人类幸福更有意义的理解。在我们现有的体系中，这样的目标往往被忽视或被严重扭曲。国际注意力津津乐道于小型电子产品获得的微不足道的改进，产品发布推销的是对同一主题无休无止的变化，媒体聚光灯牢牢聚焦在可能产生的收益，而非破坏性的代价，这一切都说明，产品设计以及它所处的整个系统急需根本性的变革。

新方向

如果变革势在必行，那么我们至少需要了解变革的方向何在。对此问题，设计大有用武之地。变革后的功能性物品形象化、具体化，不仅能减少对自然环境的破坏，同时也能体现对人类幸福更有意义的理解。

本书通过一系列讨论和提案式设计，探讨了功能性物品的新样式。环境问题也是本书的要点之一，但重点在于发展具有功能性的产品，这些产品要符合实质价值观和关于人类意义的深刻理念。显而易见，对实质价值观的讨论不能脱离对人的意义的思考。

书中各章将充分的推理论证、理论发展与具有前瞻性的设计探索结合在一起。这些有形的提案传达和体现了理论概念。它们既包含理论研讨又包含产品提案，由此构成了一种具有创造性的学术设计实践。

今天所面临的一大挑战即是功能性物品的设计依赖于快速发展的数字技术，而这些技术正因为发展迅速，也就寿命短暂。当前的潮流是当技术过时后即进行产品更新换代，这样的做法会带来具有大规模破坏性的电子垃圾。然而，数字技术完全可以通过软件应用实现其功能性。同样，同机械设备相比，数字产品的实物形式与日常用途没有太大关系。基于这一差异，很多产品设计可以从功能性限制中解放出来，探索超越虚拟领域之外的意义，从而促进对产品设计的宗旨和意义的重新思考。

文中呈现的产品提案，既包括对设计和环境的探索，也包括内含天然或"原生态"材料的电子产品，以及那些鼓励惜物的产品概念。此外，这些技术与原生态完美结合的典范说明，设计可以超越产品功能的限制，进而揭示对人性和精神境界的深层认识。

这些探究工作可以为产品设计的新方法奠定坚实的基础。"形式追随功能"这一20世纪初期设计的金科玉律已经被取代，取而代之的不是20世纪晚期产品设计的"形式至上"，即后现代实验或时尚变化的那些怪异形式，因为它们的理论基础是仅仅为变化而变化，取而代之的是"形式超越功能"的原则，这一原则根植于对于人类价值实现的永恒理解。该方向，我们可以概括为"形式追随意义"原则，将超越长期以来产品生产以经济增长和股东利益为核心的工具性逻辑。在这个新方向中，设计拥抱的不仅有实质性价值观，也关乎终极关怀，而这些都是包含理性，但又超越理性的层面。这些至少是探索的目标，尽管它们从未被完全实现，但丝毫不会减弱追求它们的意义。

这样的尝试可以成为产品设计作为一个学科成熟发展的催化剂。这样的工作继承了在人类价值和对意义的理解方面的遗产，将带领设计逾越过去几十年来形成的肤浅的、具有巨大破坏力的模式。这种模式曾经成功地刺激了消费，却没有充分考虑可能带来的后果。

1 桑博的石头

可持续性与富有意义的物品

当你拾起脚下那块最不起眼的鹅卵石，如果你愿意的话，你一定能读懂它所蕴含的教谕。最初你只会视它为泥土之身。而石子会说，"不对，我非泥土，而是泥土与空气的结合。你热爱渴望的蓝天早已融入我，它是我生命的全部。若非如此，我则一无是处，既无助于你，也无法滋养你。如果那样，我只能带来痛苦，毫无用处，然而，我的索求以及在造物界中的位置，使得我生出灵魂，在生命轮回中，济人于困、助人于善。"

——约翰·罗斯金（John Ruskin）

在英格兰的西北海岸，一条破烂不堪的狭窄公路通向一片沼泽潮滩。退潮后，潮水带走了泥土，冲出了一道道深深的沟槽。涨潮时，道路无法通行，那些拥挤地矗立在海角远端高地的饱受风雨侵蚀的老房屋被隔在远处。这里是一片常年刮着狂风的荒凉之地，潮水坑、流沙、盐草，构成了一幅不断变换的风景。田凫与麻鹬以此为家，被海水锈蚀的废船，以此为岸（图 1.1）。大腿和腰腹部带有黑色斑纹的母牛，在道旁泥地里吃力地跋涉，寻找润湿的青草。

公路尽头，一条小路通向老房子。一些房屋上刻着日期，说明这个偏远阴暗的地方曾在 18 世纪作为一个繁荣的海港存在，当时从这里出海的船只，远航到弗吉尼亚和印度群岛。在房屋之间，一条窄窄的小路通向海角。在狂风四起的旷野边缘，一块未被视为神圣的土地上，静静躺着一座孤零零的小坟墓（图 1.2），强烈地勾起人们对于一段耻辱历史的回忆。墓碑的黄铜牌上刻的死者姓名："桑博"，这一称呼本身就是蔑称，而不是正式人名。当此处成为这个黑人小男孩的最后栖身之所的时候，也正是英格兰通过剥削压迫其他民族而获利颇丰的年代。[1,2]

图 1.1
兰开夏郡桑德兰点退潮后的情景

图 1.2

桑博的墓地，桑德兰点

　　桑博是一个十分常见的名字，这个叫桑博的男孩于 1736 年葬于此处，他可能是某位船长的小仆人，最后很可能是因为风寒而夭折。[3]

用作纪念的石头

　　今天来到桑博的墓地前，我们会看到一个简单的木质十字架，旁边摆放着各种颜色的鹅卵石（图 1.3），这些彩色鹅卵石皆为附近儿童之作。在上学路上，本地的孩子们为这位长眠于此的无辜小伙伴带来这些礼物。地方诗人爱德华·卡莱斯（Edward Calais）在"桑博墓地"一诗中曾说，这些被修饰过的石头"过于多愁善感"。[4] 也许的确如此，但这样的说法过于尖刻，因为这些石头其实可以告诉我们许多关于物品本质的事情，告诉我们如何寻找、表达、归纳有关物品的意义。这些石头还可以帮助我们更好地理解可持续性一词所包括的环境意义及社会意义。

图 1.3
孩子们摆放的用作纪念的石头

　　这些五彩的石头源于老师教授的历史课，老师通过一些通俗易懂的小故事，向孩子
们讲述了我们今天认为应当受到谴责的、耻辱的历史事件。孩子们通过这些伤感的小石头
表达了歉意和悲伤；然而，只有真正走到坟墓前，歉意和悲伤的表达才算完成，而墓地所
在地阴冷的孤单感尤其令人感伤。

　　我们可以从多个角度来理解这些石头的意义。首先，这些人为摆放的物品与我们自
身历史和认同感之间存在联系。我们有着一段帝国与扩张主义、美洲贸易与经济发展的历
史，同时我们也有开展奴隶贸易的残暴历史，带来过持久的破坏性后果。因此，作为孩子
们了解这段历史后的一个结果，这些石头与我们的文化认同联系了起来。反思这段历史和
认同感，这些纪念性石块最终会引起关于道德的思考——道德是一套社会评判善恶的、不
断变化的体系。作为后知之明，我们认为那些参加或支持过奴隶贸易的先辈们欠缺道德水
准。但在当时，那些被社会认为正直的人也恰恰曾是奴隶贸易的公开支持者，那些在议院

中的政治家也曾严厉谴责试图废除奴隶制度的人们。[5]这些是否只是那个不文明年代的举动？抑或，今天我们的一些行为也会留下永久的伤痕，后辈们也会认为这是一些不道德、应当受到谴责的行为？

其二，孩子们的创作背后隐藏着一定的意图。与关于帝国和奴隶制的泛泛而谈不同，这样的创作更为深刻，这些石头是为一个特定的人而绘制和摆放的。每块石头都是一个孩子对另一个孩子的纪念性举动；是跨越时间的礼物，显示了两个人之间移情作用的基本概念。事实上，制作礼物这一举动背后的意图，已经以富于想象力的方式凝结到了物品所表达出的感情中，通过送礼物，即将石头摆放到墓地上，向死去的小孩传递了悲悯之情。虽然受者已逝，无法感知这种友好之举，但这丝毫没有影响。美德善行，存于移情，通过创意之举和礼物的送出，而得以显现。

其三，这些简单涂饰的物品与个体创意行为和个人艺术表现之间存在联系。制作行为给孩子们带来一种创作成就感，而最终的物品让其他人体会到审美愉悦感。

这些石头做成的物品，没有任何实用价值和经济价值。事实上，若为经济利益制作这些物品，那一定会损害创作的初衷，伤害物品承载的个人情感的自然表达。此外，这些物品不会永存，只会在墓地短时间摆放。最后，为了给新的纪念物腾出地方，这些石头会被放回到海边，被海浪冲刷干净，在漂浮物及泥泞的野草中，还可以看到残留的、时间更早的彩石纪念物（图 1.4）。

图 1.4　废弃的纪念石

这些石头的意义在于它们的象征价值，因为它们可以被视为历史、文化认同以及人性移情的符号。通过创意行为以及这些石头具有的审美性质，石头的艺术价值对于孩子们也具有特殊的意义。这些石头存在的另一个重要意义在于与它们相关的故事。通过这些故事，我们能够找到、表达并认清这些石头的意义，这是我们为无生命事物赋予意义和价值的一种方式。

铅垂线

与用作纪念的石块相反，如图 1.5 所示的简单铅垂线，主要用于实际用途而非创意表现。该铅垂线采用本地常见材料制成，偶尔更换用旧的线绳即可长期使用。该铅垂线商业价值很小，或者可以说几乎没有商业价值，可以想象，该物品的制作与出售不会对其意义造成任何减损。尽管在本质上与纪念石块相同，但这一粗陋工具的意义完全不同。它没有象征意义，也没有背后的故事。如果这样的物品没有实际用途，那么也就不再有任何价值与意义。我将在第 6 章再回到该物品上，在该章节中我会探讨批量生产与本地生产的物品。

图 1.5
铅垂线
麻绳和鹅卵石

诸如纪念石块、铅垂线这些简单物品表明了我们如何为物质文化赋予意义。我们发现，那些没有实用价值、表达一定含意的物品，可能只能持续较短时间，却可以与诸如伦理、移情作用、历史、文化认同等意义深远的问题产生联系。另一方面，长期存在的实用物品只要能够继续保持其预定用途，则能保持其意义。

意义依附于效用这一观点适用于许多当代产品，尤其是今天的许多电子消费品。当产品的功能无法再满足需求时，就会被丢弃和替换，原因在于这些产品的生产方式，也在于它们缺乏具有意义的附加形式。

那么现在让我们来看看一个现代电子设备的例子，该产品试图将我们在纪念石块中看到的各种文化概念上的意义与铅垂线所展示的实用意义结合起来。

普罗旺斯风格的 USB 闪存

普罗旺斯本地的一位设计师蒂埃里·艾米斯（Thiery Aymes）设计了一款 USB 闪存棒（图 1.6），融入了这一法国南部地区的文化元素。[6, 7] 每个 USB 电路板被封装在本地出产的橄榄树木材所制成的小木壳中，这个小木壳上雕刻了该地区的符号标志。在该例子

图 1.6
蒂埃里·艾米斯的普罗旺斯风格 U 盘

中，木壳上刻有卡马格十字架（Cross of the Camargue），该标志将基督教十字架与卡马格卫士或牛仔的三叉戟结合起来，代表了信任；另有一个锚，代表该地区的航海传统，同时象征着希望；还有一个心形图案，希望人们怀有慈悲之心。此外，橄榄树木材浸进了薰衣草的香味，以薰衣草制造香水构成了本地农业经济的一个重要方面。同时，每个闪存棒还预先存入了几首传统的普罗旺斯地方歌曲。

我们可以看到，这款闪存汇集了与该地区传统相关的诸多元素，我们可能会认为这样有助于生产出一个更具意义、更有文化品位的产品。然而，这些元素与闪存的联系完全是武断的判断。这些元素是与闪存基本用途不太协调的附加物，虽然物质形态上它们与电子装置被结合到一起，但仍独立存在着。这些外壳元素仅有装饰用途，与计算机闪存棒本身毫无关系。虽然歌曲使用它作为数据存储装置，但这些歌曲也可以很容易地存储到磁带、CD 或 MP3 播放器中。因此歌曲与存储装置之间并没有文化相关性，只是一种简单的使用关系。作为一个实用物品，各种元素并没有融入到统一的整体中，由于缺乏审美一致性，产生了不协调感。尽管此类产品会被认为庸俗拙劣，但毫无疑问，它们也有一定的吸引力，可以作为反映某地区特点的产品或者是旅游纪念品。这些问题对我们当前在现代电子产品设计与生产方面采用的方法提出了重大质疑。例如，如果 USB 电子产品出现故障，或者技术进步意味着其功能将被替代，那么该产品将失去用处和价值。如果无法修理或升级，则会被丢弃和更换。在这个过程中，有装饰的橄榄木壳虽然具有文化意义，但仍会随电路板一道被丢弃。虽然放弃这些文化元素略显可惜，但在产品的基本功能丧失或过时后再保留该产品就没有任何意义。

该 USB 闪存棒的命运代表了全球每年丢弃的大量电子废物的情况——估计每年我们会丢弃大约 2000 万到 5000 万吨的电子废料。[8] 装饰性外壳的附加物及其他文化相关元素无法阻止这种资源的巨大浪费，也不会减少因生产与消费过程中不负责任随意浪费而带来的对社会和环境的破坏性影响。

以下的例子表明了一个潜在的方向，即将个人、社会与文化意义和实用意义相结合，这种方式没有强制性，不是流于表面的"附加物"，而是与对象完全融合为一个不可分割的整体。

旧鞋子

如果皮革定期上油擦拭以保持其柔软性并防止开裂，那么一双制作精良的皮鞋可以使用数十年时间。图 1.7 中所示的皮鞋已经有 40 多年历史。这双皮鞋仍在经常使用，从一代人传给了下一代人，现在穿着仍然十分舒适。这双皮鞋体现了杰出的实用设计。它们只有最少的装饰，仅有皮革表面略显露的斑点以及针脚修饰，这双鞋与手工艺、人以及地方的关联给它带来了许多意义。此外，这种持续的有用性并非因为其耐用性是无懈可击、静止不变的。这种情况与当时的生产和消费体系有关，这套体系与今天的情况完全不同。

这双鞋子于 20 世纪 60 年代中期在英格兰生产。鞋子的主人最初于 1966 年在英格兰中部地区的一家零售商店购买了这双鞋子，准备用于前往斯诺登尼亚山峰（Snowdonia）的徒步旅行。第一个主人将这双鞋子送给了另一位家庭成员，后来这双鞋子在这个大家庭中四易其主。鞋子的许多部分还相对较新。后跟已经过多次修补，用新橡胶进行了更换。鞋内底、内部皮革衬里、外底已换过多次，鞋带及缝线也有多次修补。皮革上部以及鞋底夹层是鞋子原有的部分。随着时间的推移，鞋子的大部分材料已经被更换过了，从而保持了它的正常功能，能够持久地使用（图 1.8）。

图 1.7
已经有 40 多年历史的皮鞋

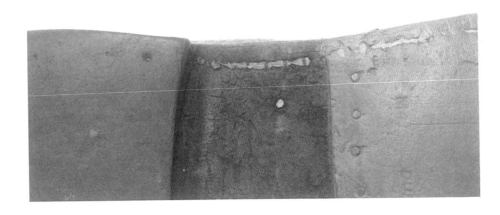

图 1.8   多层保养和修理的鞋底

　　产品为实现这种耐用性，需要多个因素。首先，该产品需要制作精良且值得修理。其次，设计在外观方面应经得起时间的考验，不太容易受到难以预测的时尚变化的影响，这意味着需要一种简单朴实的设计，没有短期流行趋势的过度奢华。第三，其设计与制作应便于修理或改进。第四，虽然生产地点可以在任何地方，但为保证正常使用，需要在本地建有维护保养机构，产品修理或翻新价格应具有吸引力。此外，同时也非常重要的是，对于皮鞋而言，生产商与购买者在生产和购买这些相对较为昂贵的产品时，必须了解该产品保养店面的情况。最后，此类产品需要使用者的时常关注，也就是伯格曼（Borgmann）所称的"参与性"。[9]为防止皮革开裂，皮鞋应当定期上油，为在不使用时能保持正常形状，需要撑上鞋楦。

"耐用与发展改进"情景

　　这些各式各样的物品，其中一部分是非常基本的，让我们了解到能赋予物品的意义，以及这些意义如何与设计、生产、使用及维护发生联系。这些意义包括象征意义，与文化、认同感及历史产生的联系，如桑博的墓地一章中的纪念性石块。还包括实用意义，如铅垂线，如普罗旺斯 USB 闪存棒中文化意义与实际用途之间的割裂状况，以及如皮鞋所示，美感与实用、制作与维修及产品保养的完美结合。

通过这些例子，我们可以得出许多结论，以指导我们生产、使用、处理现代产品，从而形成一种更少破坏性、同时更有意义的物质文化。此外，如我在之前所提到的那样，电子装置问题尤为严重，因其使用寿命极短，同时由于其生产与报废数量惊人，给环境带来了巨大危害。

根据前述内容，未来富有成效的方式将是保证设计的产品具有耐用性与升级改进性。这一相对简单的概念将产生一套更成熟、更可靠的制造与经济体系，与大部分当前的习惯做法大相径庭。最关键的业务要求不再是生产出尽可能便宜的产品，出售之后即弃之不管。将来的目标是生产出如前所述皮鞋一样的优质产品，该产品的初期售价可能相对较高。但如果要让此类产品具有可行性，则要求其使用时间超过更便宜的同类产品；便于维护保养和修理；具有足够灵活性，能够逐步改进、改型或升级；获得较之现在更具扩展性的企业社会责任的支持；融入更负责任的生产 / 使用 / 用后体系之中；通过适当激励机制得到政府政策支持。

达到这些要求对设计师和生产者有多方面的影响，同时也会带来许多潜在的社会、环境与经济好处：

针对维护与修理的设计：在设计方面，新型产品在概念上与今天的产品存在极大差别。其生产采用更优质的部件，其设计应便于促进更经济、更环保的维护和维修方式。设计师设计的产品应具有适应性，能够满足逐步改进以及部件升级的要求。重要的是，产品设计应便于集成更先进的新技术元素，即使现在还无法预期此类元素的具体形式。

产品维护设施：目前，全国性以及国际性制造商均依赖区域经销商及地方零售商已经建立的基础设施。在"耐用并发展改进"的情况下，他们还应当依靠区域及地方企业高效的产品维护基础设施，提供产品回收、修理、逐步改进与升级的多种售后服务。在该情况下，大型国际化制造商能够通过零件供应、部件升级以及建立本地产品服务门店等方式从产品中获得长期经济利益。

地方就业与经济：对于可持续性概念而言，地方经济尤为重要。而地方经济将从发展众多多样化且更具活力的产品服务企业，同时提供更多工作机会中获益。

环境利益：那些能够较长时间保存、可在本地维修升级的产品，有助于减少原材料生产量，也可减少产品更替、配送及包装所需的能源资源。此外，如果因重大技术进步导致产品再无法进行升级，从而的确需要被废弃和更替，已经建立且较为发达的维修设施也能为部件与材料的回收再利用提供有效途径。另外，如果设计的产品便于维修与升级，也应该能够方便拆卸以进行部件的回收再利用。

珍视我们的物质文化：针对可长期使用、易于维护保养的优质产品制定较高的初始零售价格，也是珍视我们财产的表现，可降低产品处理/更替的总量。

因此，耐用与发展改进方案可降低产品废弃，促使公司遵守使用后处理的法规要求，履行生产商的延伸职责，如欧盟废弃电气电子设备（WEEE）立法，[10] 随着环境与处理问题的日趋突出，这些要求与职责也会随之加重。我们在第7章中将看到，从设计角度产生的这样一种情况也符合一个更具可持续性社会的经济要求。

耐用与发展改进的意义

生产耐用且不断发展改进的产品，将令人们与物质文化之间产生一种完全不同的关系，在电子产品方面尤其如此。这些产品很多为个人所用，如便携式电脑、便携式音乐播放器、手机等。但由于目前人们对这些产品的认知了解方式，使这些产品自身的意义和价值主要存在于其效用性和新颖性中，迅猛的技术进步将令它们很快过时。因此，他们短暂的使用寿命使他们无法通过故事、积累的历史、个人记忆和联想来实现其他更多的潜在意义。相反，可长期使用的优质电子产品有可能成为充满意义的宝贵私人物品。随着我们需求的变化和新技术的出现，这类产品会得到珍视与保养，并与我们共同发展。如果经过富有想象的设计，如同那双舒适的旧皮鞋一样，这样的产品将历久弥新，而不会在被拿出盒子之前就已经过时、不合潮流。从概念而言，这些产品与当前可以随意处理的电子消费品完全不同。

采用耐用与升级改进方案进行设计与生产所带来的潜在好处，远远超过了支持产品回收法则的实用主义与工具理性。在这种情况下，个人电子产品具有永久性与变化性，即在变化中的稳定感与连续性。通过该方式，我们的日常事物，包括我们对物质文化的更亲密的感觉，将被允许积累更多方面的意义与价值，并获得与思想、记忆、故事及情感相关联的象征性和个人化含义。除了环境或更广泛的社会效益之外，当然也是与这两方面伴随产生的，更耐用且不断发展的现代产品将帮助我们与物质文化建立起更具个人意义的联系，同时也会形成支持对产品进行保留与保养的态度。

在后续章节中，我将通过概念性人工产品的开发探讨设计与意义的各方面内容。这些探讨包括利用本地材料结合批量生产的部件制造功能性物品，这些探讨研究了设计的不同方面，例如持久的价值观、技术变革及形式等，均与人类意义的实质概念有关。

没有遗憾？

在本章节讨论开始时，我讲述了英格兰西北海岸一片偏僻空地上的小孩墓地的故事，这块墓地代表了我们历史上一个因为奴隶贸易这种非人性制度而备受诟病的时期。在 21 世纪开始的十年中，为纪念废除英国奴隶贸易 200 周年，我们对先辈犯下的不公正错误进行了公开忏悔和道歉。[11-13] 我们认为这是我们历史上的一段耻辱时期，带来了难以言表的破坏与痛苦。我们认为这些暴行反映了道德的缺失或扭曲，认为这是文明欠缺时代的行为。

今天，我们的活动正在带来严重的环境破坏，许多破坏直接或间接与制造及消费有关，对于生态系统及社会的影响非常巨大，有些影响还具有长期性。在我们回顾先辈的可耻行为时，我们也必须问问自己，是否我们的后代在回忆我们这个时代时，也会认为我们的行为不道德并且应当受到谴责。我们是否要带来永久伤害，我们的行为是否也会与那些文明欠缺时代的行为一样，被视为可耻之举？

2 追逐鬼火与幽灵

通过以实践为基础的研究重置设计方向

"我必须去植物园"

"为什么？"

"我要去看常春藤"

　这似乎是一个足够好的理由，我便与他同去。

——伊夫琳·沃（Evelyn Waugh）

自早期以来，工业设计就与产品的经济可行性以及大批量生产的财务要求密不可分。20 世纪初期，为适应当时的新想法，即要设计适合大批量、机械化生产方式的消费品，工业设计学科应运而生，它迅速被应用于区分不同的产品、创造市场吸引力以及刺激消费等方面。[1] 早些时候，人们并没有广泛地预见到大规模生产和大规模消费在全球范围内所产生的后续环境和社会副作用。

正如在 20 世纪的第一个十年，人们有必要就大规模生产之新环境对物质文化重新进行定义，今天，我们也要就当今的新语境重新定义物质文化。要做到这一点，我们必须至少暂时搁置关于产品设计及其与产业和经济关系的一些传统观念。如果不这样的话，概念的形成将会受到限制，同时，新思想前进的步伐也会遭遇阻碍。设计师的创造力可以通过多种方式被运用来探索新方向，以期能够负责任地处理各种重要的环境和社会文化问题。随着新的深刻见解的提出，很有可能的情况是财富创造和产业发展机遇会出现前所未有的、不可预见的可能性。

为新语境设计

通常我们容易认为自己生活的时代充满格外多的问题与挑战，因此，在我们对传统方法的批判中，必须格外警惕，避免过多夸大现在的问题。尽管认识到了这种危险，很多人仍然认为我们的时代充满了具有深远意义的哲学层面和生存层面的变迁。[2-4] 我们生活在一个充满不确定变化的时期，我们越来越远离在过去几百年里形成的"现代"这一观念，也越来越接受当前由于对世界的理解不断快速变化而产生的新观念。有些人称这一时期为晚期现代，其他的一些人则称之为后现代时期，这两个模棱两可、临时性的术语都揭示了对于当前时代的定义和确定性的缺失。更重要的是，它代表了对过去一些想法的背离，这是由于人们越来越意识到这些想法将不再对我们有用。这表明，许多事情即将结束或是刚刚结束，新的方向不断涌现，这些方向通常是混乱和不成熟的。我们对现代性不再确定，但也没有一套统一和易于理解的替代方案。

这样的时期对包括应用艺术在内的艺术的影响尤为显著。艺术家和设计师通常被要求考虑这一变化的本质，并给予创造性的回应。他们有义务去寻找替代方案，接受不确定性，让艺术与设计的表达方式和制造方式适应新兴的、不断发展和变化的认识。

为了具有创意，同时能适合新语境，这种探索必须不受过去的想法和惯例约束。工业设计有可能更广泛地、更多地被看作仅仅是对功能性物品的设计，这门学科的传统想法将会受到挑战。许多原来的优先事项，比如技术创新、人机工程学、为在国际市场广泛销售而进行的相同产品的大规模生产，甚至是经济可行性，都需要暂时搁置一旁，以便更加自由地发展设计的可能性，倡导并表达新的思想——其中不会有我们当前方法带来的危害性后果。正如福阿德·卢克（Faud-Luke）所观察的那样，如果设计期望提供一种新的范例，那么它就必须要与该学科现有的推动力脱钩。[5]

挑战惯例

考虑到变化的性质和挑战的难度，需要做的工作是充满实验性和探索性的。这就需要不惧失败地反复试验，并探索那些建立在深思熟虑又不断变化的观点基础之上的思想，反省和深思熟虑是需要时间的。必然地，这一工作结果将会是临时性和概念化的，将随其他方面的一些变化而变化。首先，结果虽然不是非常具体，但至少具有象征性，同时也暗示了新的可能性，但是对于它们自身而言，还是远远不够的。重点在于让变化的种子朝着新的方向生长，这些方向与新的正在出现的背景相吻合，而从我们现在的立场来看，这一背景难以理解。这不是那一类型的设计工作，即能够强大到足以保证生产和产品广泛分布所需的高资本支出，事实上，在一个新的设计环境中，这样的想法可能不合适。

在今天的大规模生产背景下，设计必须是低风险且容易被大众接受的，因为设计要盈利。此外，现在我们都非常熟悉各种观点和迹象，它们说明现代生产、分销和营销模式和环境破坏等与社会经济差距之间的联系。[6, 7]因此不难看出,伴随这种生产类型的设计惯例也与这些剥削行为紧密相连。许多现代产品的基本特征都由它们的设计、审美、低成本和快速废弃的更换率体现出来,这一基本特征与劳动力不足、环境法律、消费、能源使用、浪费和污染有着密不可分的联系。[8]

可以看出,为了应对这些挑战,我们的物质文化——关于它是如何设计、制造、运输和使用,以及它一旦不再被需要将会发生什么——都将要发生重大变化。无论这种变化是渐进的调整,或较大幅度的系统性转变,还是两者的结合,它必然会带来与今天的规范截然不同的物质文化概念。事实上,今天遵循的那些规范,历史并不久远,并且显然带有危险性。我们现在的全球化生产体系的原料收购和产品的国际销售,都很危险地依赖于廉价的能源供应,特别是石油的供应。如此严重依赖单一商品的经济往往是不稳定的、脆弱的。例如,在19世纪的英国,国家经济与棉花产业紧密相连。19世纪后半期,当棉花行业的增长速度下滑,整个英国工业都随之沉没。[9]

如今,一个与廉价能源的供给和使用紧密联系的、越来越重要的因素就是其"外部效应"。这是工业活动所带来的副作用,并且在很多时候,经济模式中没有给予这些副作用太多的解释,在计算生意成本时也经常被忽略。它们包括诸如空气、水和噪音污染、废弃物生产、健康影响、人力剥削、景观滥伐、栖息地、野生动物迁徙路线和生物多样性、工业生产和气候变化之间的明显联系。

为了寻找新方式,以便能生产出解决这些问题的功能性物品,至少从概念上讲,我们必须跳出窠臼,或者暂时搁置我们通常对设计的期望,这类期望假设产品必须是令人想要的、适销对路的以及可盈利的。

根据情况的不断变化倡导新方法

在考虑探索当前系统以外领域的设计新方法时,问题便出现了,那就是在我们的社会中,谁最有能力进行此类探索并且提出其他的发展方式。当然,以上关于时间、反省和审慎的要求并非与当前的商业模式相关的典型特征。同样，对于奉行时间就是金钱、以利润为导向的企业来说，诸如概念性、预测性、探索性和偶然性这类词汇所体现的优先性显得尤为不确定。实验性设计无法契合对效率和利润的追求。因此，它对商业的吸引力相对较小。虽然有些大型企业可能将资源投入到所说的"无商业价值"的设计创新中，但这些创新的目标通常会或明或暗地被限制在企业所关注的主要问题中。即使怀着最美好的意图，在企业环境中也往往很难以一种全面的、与公司的主要关注点相悖的方式，来反思和探索我们物质文化的根本性质。此外，中小型企业通常既没有时间也没有资源来进行这样的工作。因此，尽管人们在讨论时认为行业内部应当承担起责任来解决这些大问题，但是，他们或是持冷漠态度，或是从体系上无法有效地处理这类事情。发生的变化多为较轻微的技术修改，通常这些改动会进一步促进现有的结构规范，而非对其进行挑战。

设计、研究和改变

认识到生产系统内部产生的变化完全不足以带来根本性改变，我们就必须依靠其他途径来探索替代方法。这就要求进行被称为"纯粹"或是"基础"的研究，在这种研究中，应以不受行业惯例束缚的方式去探索大局观念，为思想本身而追求思想，看它们可能将我们引导至何处。考虑到问题的紧迫性和重要性，大学、学术界和研究生课程应该充分参与进来。然而，由于一些原因，这类情况并没有如人们预想的那样发生，其原因会在后文得以阐述。结果，学术界对于设计的研究错过了一个进行讨论和做出贡献的重要机会。虽然也有例外，但设计研究的主体可以被分成以下四大种类，前三个尽管有价值，但并没有通过设计的核心活动直达这些当代问题的中心。

1. **"关于设计的研究"——历史、理论与教学：**学术领域的重要问题包括专注于设计史、设计理论以及教学法的研究。这类设计研究既包括了设计活动，也包含其产品。[10] 设计史家斯帕克（Sparke）[11]、多默（Dormer）[12] 和赫斯克特（Heskett）[13] 的著作证明了设计史及其在历史长河中的发展演变，对于我们理解该学科至关重要。同样，设计理论、设计理论与当代问题的关系，以及来自其他学科的见解影响了设计实践行为，并阐释了与物质文化的创造有关的现象。在这一方面，维贝克（Verbeek），[14] 布坎南（Buchanan）以及马戈林（Margolin）[15, 16] 等人提供了至关重要的视角，丰富了我们对设计的理解。然而，需要认识到的另一个很重要的事情就是，虽然历史和理论研究对于我们理解该学科非常重要，但该类研究通常是由专业学者来进行，而这些学者自身并不是设计师。另外，关于学习方法与过程、设计教学法、可视化方法以及工作室中技术运用的研究，对于我们理解设计同样是必不可少的。在这一领域，克罗斯（Cross）、[17] 汉娜（Hannah），[18] 以及其他一些人做出了重要贡献。但是，在这样的研究范围内，如果有关产品设计本质的基本想法没有被挑战，那么其结果只能是产生更有效的方法来延续设计惯例，而不是对其进行批判和重建。

　　2. "为设计而研究"——获取数据： 另一个领域被看作是为设计而进行的研究。它指的是为了开始和推动设计过程而需要的研究。重点在于获得数据，以便：

　　·在设计开始之前定义设计要求

　　·在设计过程中，影响为旨在达到这些要求所做的决定

　　·在设计过程中，影响为应对额外的问题而做出的设计决策

　　通常用于社会学和人类学中的定性研究方法经常被用于调查某些特定领域的问题。民族志学研究、观察性研究以及市场研究往往被用于设计调查。[19] 其他方法可能更为量化和科学，例如，如果要调查某个设计应用最合适的材料。这种类型的研究对于影响特定领域的设计非常重要和必要，但是，它们对于设计的创造性活动来说就没那么重要。通常，这类型的研究能够，或者最好由设计师以外的人来完成。虽然这类研究也重要，但是这种研究没有利用设计本身的性质来增进我们的理解。它并没有考虑到在变化、整合的过程中，信息和知识如何影响到形式，在这个过程中，需要探讨广义数据与有形的、具体的设计成果之间的关系。这种关系在今天显得尤为重要，因为我们越来越了解当前设计和生产方法会产生的后果，这指明我们需要新的成果，这些成果与传统的"产品"理念截然不同。而且，对这些定性和定量研究及认知知识的强调，尤其是在研究生层面，通常意味着在核心设计活动中，关键性的、革新的一步还未得到足够重视。反过来，这意味着关于表达的知

识，即有关如何通过创新的设计过程来有效体现和传达含意或感觉的知识，仍未得到充分发展。

3. **"为产业而研究"**：更进一步的领域是产业研究或者与产业相关的设计研究。通常，这种工作可能在大型企业的研发部门里或者独立咨询机构中得到更恰当的开展，而它在学术界的合理性需要被慎之又慎地对待。例如，我最近看过两个学者所做的陈述，他们完成了由一家大公司发起的赞助研究，调查了用户对一款家用电器界面设计的感受。尽管这种工作可以促进某些产品改善，但没能充分区分设计研究在学术界与产业界的不同重点。这并不是说，学术界和产业界合作的研究项目无法富有成效和彼此互惠。然而，如果要继续维持学术界的特权和责任，就必须仔细考虑这种研究的判断标准。除非保持这种区别，否则会经常发生浮士德式交易的危险，即为了确保得到私营部门的研究资助并获得世俗意义上的实用性，学术原则渐渐遭到腐蚀毁坏。在产业界和学术界的设计研究之间找到适当的关系是一个棘手的问题。有些人喜欢将至少一部分的设计研究项目置于真实世界之中，并且声称这并不是在学术界或世俗研究领域二者择一的情形，而是二者兼取。[20] 然而，考虑到学术界的设计研究尚处于相对较早的阶段，特别是以实践为基础的研究水平还尤为初级（见下文），似乎在学术界的设计研究打下更为坚实和自信的基础之前，讨论二者兼取的解决方案还为时过早。

"为设计研究"和"为产业研究"可以引发一些深刻的见解，影响设计过程，并促进特定设计成果的改善。然而，两者都没有特别指向更大的问题，如在新背景条件下工业产品的提升和重新定义等设计相关问题。但是，如果我们想要反省我们物质文化的本质，它与环境责任以及人类的幸福和目的这些基本理念之间的协调关系，那么就有必要提出这些问题；如葛雷灵（Grayling）所说，善良、智慧、友爱，这些生命中值得拥有的东西，没有一个可以在商场购买到。[21] 此外，设计学科的一项特有职责在于，为了取得协调关系所做的任何尝试，至少在观念层面必须超越普遍性并变得明确，这可以通过设计活动固有的特性来实现。

4. **"设计式研究"——以实践为基础的研究**：沃特斯（Waters）强调，不应把市场看作思想自由驰骋的疆域，相反，应该在我们的学术机构中培养与激励奇思妙想和源源不断迸发的创意。他引证康德（Kant）说，理论处在人类思维和世界的边界上，当我们创造这个世界的方式与其（世界）自身相悖之时，它才得到发展。[22]

显然，设计行业是属于现实世界的，但致力于追求让设计作为一门学科而取得进步，则是学术领域的责任。其中，设计式研究或以实践为基础的研究，扮演着十分重要的角色，不仅在扩大知识面和发展理论方面，还在把这种知识和理论转化为物质表现方面。而这些转化性活动成果又可以经过思考而反过来影响理论。学术界还有一个根本责任，就是不仅要容许实验，还要鼓励实验，如沃特斯所说，去追逐鬼火与幽灵。[23]

更重要的是，以实践为基础的研究要求我们善于思考，要求我们亲自去质疑、去澄清、去挑战、去提议并拓展新的视角。[24] 然而，这对于设计来说仍是不够的。与其他许多学科不同，设计离不开工作室的工作，设计肩负特定的责任，不仅要求通过形式表达出探究的结果，还要把设计活动本身作为一种探究的手段。这种思行合一的综合、反省过程是设计的根本属性所在。上述讨论到的研究类型，即设计历史、设计方法、定量和定性信息以及产业知识，可以恰到好处地说明这一点。然而，还需要仔细考虑和评价这些信息，挑战既有的想法和惯例，并不断提出问题和想法，而且这些问题和想法能在设计过程所特有的核心活动中，得到有效的探索。通过这种方式，学术界的特殊贡献就可以得到恰当的实现和推进。这种探究实质上是一种以实践为基础的方法，既尊重了设计者的观点，又尊重了设计者的工作方式。[25]

仅仅阅读理论和方法，是学不会开车或拉小提琴的。重复和专注的实践也应作为学习过程的核心因素。通过这种实践，既可以获得特定的知识和洞察力，又可以积累经验，并逐渐对该活动形成默契。设计也是如此，通过积极地实践，人们可以获得知识、洞察力和经验。因此，如果设计学科的这些核心方面要对其自身发展作出贡献，设计实践必须作为研究方法的一个关键因素被囊括在内。此外，鉴于我们今天所面临的重大问题，学术领域的设计在支持和发展实践研究方面扮演着十分重要的角色。不受市场惯例和期望的影响，特别是其短期经济规则的约束，基于实践的设计研究可以更自由、更广泛地探讨物质文化的长期可能性和潜力。

基于实践的研究与可持续性

侧重于可持续性的研究，同时也十分重视研究方法中设计师的知识和特殊技能，这在学术界是相对少见的。从表面上看，这或许让人感到惊讶，但是，进一步考虑之后，原因就变得清晰起来。

首先，在工业设计这门学科中，任何形式的学术研究都是一种新近出现的现象。[26] 在此背景下，稳健的、以实践为基础的研究方法的发展尚处于形成阶段。西古（Seago）和邓恩（Dunne）最早倡导以实践为基础的研究，他们认为发明过程可以作为一种讨论形式，来就设计研究者的目的和责任提出一种不同的见解。[27] 尽管这样的讨论非常重要，但是，这样的研究案例少之又少，正如同那些以实践为基础、要解决"可持续性"这一术语所涵盖的众多因素的例子并不多见一样。

其次，为了能够及时、实质性的推进工作，拥有设计专业技能的学者们想让研究生参与他们的研究，这样的机会依然受到相当的限制。（由于）所开设的工业设计博士（学位）课程尚未得到普及，同时，鉴于学科内可研究的方向多种多样，相形之下，几乎很少有设计研究者们持续关注并指导"通过实践为基础的研究来实现可持续性"这一特殊领域的论文。在一些特殊的情况下，硕士生能够通过在工作室中的探索和毕业设计富有成效地做出贡献，但是，他们通常没有足够的时间与资金来从事任何实质性的基于实践设计的调查研究。

在工业设计学科之内，要建立以实践为基础的可持续性研究的坚实基础，需要将一系列复杂问题整合成一个尽可能条理分明的研究计划。这些问题中有许多是相互关联的、不明确的和难以理解的，同时，很多问题不仅在产品设计师的专业知识领域之外，而且问题本身也处在不断变化之中。除此之外，在这样的计划中，设计活动本身应该被看作研究的合理因素。

要推动该类研究，多个因素都要被考虑在内。需要理论基础来创造参与设计过程的必要条件。这些基础本身就是临时性的，可以以多种方式得到发展。例如，前面提到的与设计相关的定性和定量研究方法包括对行业实践的研究，可以为人们提供相关信息和见解。

同样，设计历史学家，特别是理论家的工作对于建立研究起点是非常有必要的。各种贡献必须结合在一起来展开一系列的探究，可以通过参与设计活动来进行富有成效的研究。

在可持续性设计领域，这也许意味着从调查和采访中得来的原始数据与从其他领域得到的研究信息一起，为基于实践的研究奠定了基础。然而，与传统设计项目的目标不同，此类研究的目的并不是创建明确的产品解决方案。相反，其目的是发展新的命题，为更加可持续的物质文化的潜在性和可能性提供新的视角。反思此类研究的结果可以激发出进一步的探究，这类探究可能需要更进一步的原始数据、理论发展以及更多的基于实践的探索。因此，该过程成为一个以实践为基础的迭代研究，这种研究与数据采集和理论发展相结合。重要的是，它是一个过程，在这个过程里，设计活动成了知识前进过程中的内在要素。[28]

考虑到需要综合的理论知识，需要收集原始数据，需要反复的设计研究和思考，这样的研究适合学术界的人，特别是适合与教师一起工作的博士生作为长期项目。

基于实践的意义与可持续性研究

这些年来，我一直按照上文所述思路开展基于实践的研究。这项研究包括创造具有表达意义的产品，旨在探索基本的方法和原则，而不是实际应用。正因为如此，它是一种通过设计实现的研究形式，可以被看成是基于实践的基本研究。它是一种研究类型，这类研究的最终成果包括作为提案的产品和辅助性的文字说明，这些文字阐明了某些伴随"行动"出现，并对"行动"而言必不可少的"思考"。因此，结果具备了表征性和认知性，这种双重形式恰如其分地反映了本学科可以被总结为"推理 + 想象"的双重性质。

这类以实践为基础的研究挖掘了在发展更有意义的物质文化概念方面的潜力，与之相关的例子会在随后章节中列举。通常，它们涉及本土化在功能性物品设计和生产方面发挥的越来越重要的作用，本土化成为可持续性中一个很重要的方面。消费类电子产品受到了特别关注，因为日新月异的技术升级使得该类产品的功能在异常短的时间内就会被淘汰。这里所说的很多方法重新设想了这类人工制品，以便功能变化能够在连续性的框架内实现。反过来，这使得产品得以发展出更持久的叙事性特征。

这些不同的研究利用了从可持续发展、哲学、设计史和设计理论等多个领域间接得到的信息和数据。一些研究也利用定性研究方法来获取和分析原始数据。所有的研究都强调设计参与是研究方法中至关重要的方面，并且认为这是知识进步中举足轻重的因素。

本质上来讲，这种以实践为基础的研究探索了认知物质文化的新方法。更为关键的是，该项研究并不是被科技、功能利益或是经济需求驱动而进行的。相反，物品被置于一个更广泛、更整体的系统中进行考虑，这个系统包括了生产、分配、环境考虑与个人、社会和文化含义。这种研究开始指向动态的、不断演化的物质文化，这种物质文化支持大规模生产和技术进步所带来的好处，同时提倡地方创新和多样性。

正如我们所知，基于实践的设计研究正处在发展的早期阶段，这类探讨功能性物品、意义和可持续性之间关系的研究更是处于萌芽期。因此，为了能够更加自由、更富有想象力地探索创意设计给当代文化中那些富有挑战性的复杂领域所做出的贡献，将设计从原有的财务要求以及其他传统束缚中解放出来的尝试，看来不但富有成效，而且也是较为合适的。

3　品位之后

产品外观的力量与偏见

它们的色彩与形态，

使我无限渴望；

那种情感、那种爱，

无需思想提供幽远的魅力，

也无需视野所及之外的任何乐趣

——那样的时光已经远去。

——威廉·华兹华斯（William Wordsworth）

在这一章，我要开始探讨品位这一话题——它的含义、它与惯例和创新的关系，以及它与文化精英主义的联系。设计不应当继续充当狭隘的好品位仲裁者的角色，而应该扩展自身范畴，有效地参与到多个今天所面临的比较紧迫的问题中，包括道德和环境关怀，以及与意义相关的考量。这些想法通过一系列以实践为基础的设计研究创建的观念性物品得到阐释。它们向我们证明，品位是设计中强有力但通常具有高度偏见的一个方面，它们强调关于设计过程的问题，以及我们在发展当代产品时所做出的设想。该讨论与观念性物品一道，向我们指出了这样一个方向，该方向质疑"设计师"式的品位之类的偏见，以便在更广阔和更丰富的美学范畴中解决当代问题。

对产品最初的视觉印象会对我们的判断产生重要影响，我们的反应也与诸如惯例、个人品位等因素紧密相关。惯例促使我们将一个产品置于已知的环境中来理解它。品位指某种特定的美学所能激发的各种联想；借此我们可以判断在我们所属，或者我们期望自己所属的社会文化群体内，某类产品是否会支持我们关于自己的认识。第一印象的效力提出了两个重要的问题。首先，惯例和品位往往会阻碍人们接受与当前的规范差距显著的设计创新，同时，它反过来也会妨碍设计实践中富有成效的变革。这个问题在今天显得尤为重要，因为在产品设计与制作领域开创新型、危害较小的发展方向的需求已经迫在眉睫，而这样的方向很有可能与我们之前的做法大相径庭。其次，产品外观压倒性的影响可能会就其自身的贡献制造一种假象。例如，如果给环保产品一个简洁、干净的外表，那么消费者会比较容易在脑海中把"干净和简洁"与环境责任建立起因果联系。此外，如果一个简洁、干净的外观符合某人的个人品位，人们会对此产生强烈的、肯定的印象，认为环境责任与其个人品位是一致的。然而，产品外观、品位道德和环境原则之间的关联具有不确定性，并且，外观具有欺骗性。我们有必要超越产品外观而从整体上仔细考量一件产品，不仅考虑产品生产、材料、使用和使用后等情况，还要考虑产品的意义和贡献。

品位与偏见

品位并非放之四海而皆准，它与个人和特定社会群体的惯例之间的联系，或者个人对特定社会群体惯例的向往息息相关。它可以被理解为集体认可但又具有高度个体性的美学眼光，会影响我们对服装、音乐以及家具等的选择。[1]因此，品位的形成受到个人观念和社会习俗的双重影响。

我们对品位的理解在很大程度上会影响我们所做的决定。违反礼节的事情，假设它们是艺术作品、行为模式或者是穿衣风格，我们会称之为"品位低下"。那些选择明显与我们的品位不同的人有时会让我们感到困惑，这就是俗话所说的"萝卜白菜，各有所爱"。

这凸显出设计中要着重考虑的两个因素。首先，品位的判断与社会群体的惯例有关。其次，这些判断引导我们将物质文化的人工制品进行分类，进而对它们持接受、拒绝或漠不关心的态度。

惯例与创造力

品位与社会群体惯例两者之间的联合意味着，我们固有的对好品位的看法倾向于认可那些与既定规范相一致的审美表现形式。因此，这可能会阻碍我们接受那些能够体现新的感觉和考虑因素的设计。出于这个原因，许多极具创造力和创新性的人对"好品位"的观念嗤之以鼻；巴勃罗·毕加索（Pablo Picasso）曾称之为"创造性的敌人"。[2]

就设计职业而言，好品位的观念会产生同质化的约束，从而妨碍新方向的发展。如果我们想以一种能够更好关注当代重要问题的方式来推动设计向前发展，那么就有必要超越常规，更加突出探索性和批判性的实践，因为它们能挑战既有的规范并展现出其他可能性。当这类实践结果通过展览、出版物和因特网进入公共领域时，陌生就会变得熟悉，然后，成为大环境或物质文化"规范"的一部分，从而成为品位判断与审美鉴别的依据。因此，批判性设计所扮演的一个角色就是挑战会带来破坏性后果的审美惯例，这样将会对积极的改变大有裨益。

惯例、鉴赏与偏见

品位与我们对特定社会群体的忠诚之间的关系引发了进一步思考。把受此类忠诚所影响的鉴赏与文化优越感相联系起来，这是人类社会中非常令人遗憾但却常见的趋势。好品位的概念与社会价值以及精英主义的思想紧密相关。例如，休斯（Hughes）列出了在澳大利亚殖民时期非常盛行的会带来社会区隔的品位与习惯。[3] 在殖民早期，自由定居者和"上流社会"倾向于看重那些能够将他们与罪犯和贫苦移民区分开来的活动、食品和产品。罪犯去沙滩，到海里洗浴，他们的皮肤因户外劳动的生活而晒得黝黑。因此，自由定居者不会去海滩，也不到海里游泳，对女性来说，保持皮肤白皙尤其重要。犯人吃新鲜的鱼和咸肉，那么自由定居者就吃咸鱼和新鲜的肉，否则的话，自由定居者就会被认为是品位糟糕。凯丽（Carey）[4] 曾说过，对于一些人来说，尤其是对高雅艺术的信徒而言，品位是如此紧密地与自尊相联系，以至于几乎不可能将自我认同与凌驾于那些趣味"低下者"之上的优越感相分离。同样，奥多尔蒂（O' Doherty）[5] 通过指责社会精英论和知识分子的恃才傲物，批评了高雅艺术观众的排他性。相比之下，当谈到审美鉴赏时，休斯[6] 坦承自己是精英主义论者，而斯克鲁顿（Scruton）[7] 在一场关于媚俗的讨论中，提到那些"乌合之众"很容易被同化的选择时，则表现出了鄙视的态度。

就品味与当代设计问题的关系而言，我们只需认识到，那些倾向于欣赏高雅艺术和更前卫设计案例的人，通常事先享有过那种类型的教育，无论是在文学、绘画、音乐或是设计方面，而这类作品不像流行文化那样通俗易懂。事实上，诸如前卫派等更高级的形式常常是反传统和带有实验性的，以便达到挑战惯例、激发讨论和影响思想的目的。欣赏这类作品需要经过更多训练，需要更缜密的思考，必须付出时间、精力，有相关的兴趣并受过相应的教育，才能有所收获。[8] 很多人只是忙于其他的活动和爱好，可能既没有机会也没有兴趣来追求这些。这并不是说深思熟虑的鉴赏没有价值、不重要。然而，使用过分渲染的言辞和通常会贬低别人喜好的排他性语言来嘲讽别人的喜好，以此来支持自己的观点和维护自己的社会地位，这样的做法就完全不恰当了。

　　尽管针对流行文化和"更高级"的文化形式都有支持或反对的争论，但是很显然，品位和喜好所涵盖的范围十分广泛。如果设计要真正改善生产和消费所带来的严重不利影响，它不仅要能够跨越这一范围，同时也要特别关注那些常常被文化批评家诋毁的、更加流行的形式。事实上，如果它想要变得更加切合地区文化，并符合作为可持续发展、身份和个人意义等重要方面的文化偏好，就必须能够包容各种各样的价值观、优先权和品位。设计需要开拓和发展出能够灵活吸纳这种多样性的方向，同时又不违背可持续发展原则。在那些发生着日新月异技术变革的行业，尤其是消费电子行业，新的方向显得尤其重要。这些产品的成功往往很大程度上归因于他们的审美属性。它们被认为"很酷"，这只是用另一种方式形容它们符合某人的品位。在这里，设计被用来提高那些本身就寿命短暂并具有破坏性的产品的市场吸引力。本学科所面临的挑战就是利用其具有创造性和批判性的技术，使产品设计走向更加新颖、富有建设性和更加有意义的方向。

品位和量产产品

　　消费品的大规模生产要求大量需要同类产品的消费者。这就意味着产品设计必须能够满足多种品位。这被认为是必不可少的，不仅因为资本密集型生产的经济需求，也因为企业的经济诉求，以及他们想最大限度地扩大增长值和股东利润的愿望。为满足这些需求，由工业设计师所定义的大众市场产品的外观往往是一个类型。事物开始变得大同小异——它们一般是让人不讨厌的、大多数人可接受的，甚至是乏味的。[9] 此外，当前生产系统所隐含的事实是，该类产品的设计师将从身体上、文化上和经济上与实际使用该类产品的人"分离"开来。由于设计所处的系统的原因，它与地方特色和本地文化有一些疏离。因此，在设计过程中，品位的假设性和强制性同时存在。

就这些产品的推广和营销而论，虽然看起来有些自相矛盾，社会精英主义及其排他性与流行的喜好和品位交织在了一起，以鼓励消费。所以，尽管大规模生产的产品倾向于统一、平庸，并且必须让许多人购买得起，但是它们的营销往往暗示特权式的生活方式和排他性。这个暗示意味着通过购买该产品表现出高品位，从而在某种程度上将购买者与该类生活方式联系在一起。

且不论这些想法是如何的空洞，当代产品美学具有一种狭隘的同质性，其特点是外观精致、新颖、无可挑剔，同时又极其脆弱，因此注定是昙花一现。此外，由于设计与生产所使用的方法和材料的原因，许多当代产品显得疏离且难以被理解。它们缺乏温情和特色，在很大程度上无视文化差异和本地表达方式。然而，广告和时尚杂志却将这些产品鼓吹为最高品位。但是，在这些描述中，通常缺少关于这些产品及其使用对社会和环境影响的批评和讨论，更不曾讨论"不满文化"的延续，以及基于短暂新鲜感之上的无节制浪费。在这种文化中，人们对产品的最初视觉印象的力量有很大的依赖性，这会对我们的判断产生很大影响。设计师理查德·西摩（Richard Seymour）简洁地总结了其效力。他参考了心理学家的工作成果，提出人们对产品做出的判断几乎是在瞬间完成的，并且，能够带来情感联系的设计可以刺激观众在潜意识中说出三个句子，即："我喜欢它。我想要它。它是什么？"[10] 尽管当代产品设计中的这些想法会带来冲击力和诱惑，但是它们与对美更加持久的理解相冲突，它们也正好凸显了进一步考虑设计、品位与人类的满足感之间关系的需要。

品位、美与道德维度

美的概念自古以来就与善良、美德和真理相关联。在历史长河中，人类创造和设计的许多艺术品——从美术、建筑和园林到诗歌、音乐——都被视为是鼓舞人心的，它们通过某种方式受道德和精神基础的影响，同时也表现了道德和精神基础。[11-15] 因此，除了内在的价值，审美鉴赏必须在一定程度上基于我们对艺术品的认识。这正是穆德乐·伊顿

（Muelder Eaton）所声称的其外在的品质，[16] 以及这些品质与我们所理解的善良与真理之间的关系。

对一件艺术品的认识会影响我们如何看待它、体验它，以及对它产生什么样的反应。如果得知自己欣赏的艺术家的某幅画是赝品，那么我们对该作品的认可度便会减弱。这一认识会影响甚至是改变我们对这幅图的看法，这一事实是无可厚非的，因为造假是一种欺骗，并且应该在道德上受到谴责。歌手布莱恩·费瑞（Brian Ferry）在纽卡斯尔大学（the University of Newcastle）师从理查德·汉密尔顿（Richard Hamilton）[17] 学习艺术，在一次采访中，他赞扬了希特勒政权的大规模游行和其旗帜的美学效果，为此，他受到公众的批评。之后，布莱恩向公众道歉，解释说他的言论是完全从艺术史的角度出发的。[18] 但是，仅仅从艺术形式感方面的品质来评价纳粹标语和游行是非常不合理的，这些场面和标记是不能与它们的意义相分离的。如果美学是与善良、真理、爱和更高层次的意义相联系在一起的话。那么，很明显，至少在传统的对美学的理解范围内，如果某件东西被认为是令人发指的罪行和恶毒的象征的话，那么它就不能同时被看成是美丽的。从这一角度看，对美与品位的判断与对所考虑的艺术品的理解是分不开的。

美和品位与我们对善良和美德的理解之间的关系，既与我们对设计认识的发展高度相关，也与我们对物质文化的生产过程紧密相连。品位与美都有一定的道德维度，而这一维度经常在产品营销的片面说辞中被模糊。社会剥削、环境破坏和与当代消费主义相关的"不满文化"损害了当今工业设计产品在美学方面的完美，并且指明了全球化生产系统中心的道德缺失。在这一系统中，决策者往往对其具有破坏性和潜在毁灭性的实践漠不关心。下面的例子反映了一个更加普遍的问题。一名纽约的著名工业设计师最近回答了一个关于当代设计师所面临的挑战，以及与当代产品相关的问题，他说道："我们为各种消费者生活方式创造的东西越来越多，所以我尽量不去想太多。"[19]

品位之后的设计

很明显，品位在我们对物质文化的判断中起了很重要的作用。它与社会区隔和精英主义的概念相关联，可以以操纵性很强的方式来鼓励消费，尽管它往往表现为现代文化的高度动态的特性；它也可以阻碍创造力，并阻碍设计朝着解决当代问题的方向发展。但是，也存在这一情况，即品位的主要特征是外观，正因为如此，设计师也有机会超越风格的变化莫测，来解决实质性问题。要寻找代表不同的价值观、不同的流程，以及用有意义的方式解决现代问题的功能性物品的新形式，这需要不同类型的视觉语言。设计必须要发展，以反映出这些新的认知。通过这样的做法，设计可以利用外观和品位的有影响力的效果，来体现和传达新的设计重点。

可持续性设计并非意味着任何特定的产品美学类型，事实上恰恰相反。可持续性与本土化、文化表达，以及对地方现有技能、知识和资源的利用之间的关系表明，伴随本地喜好和能力的差异，其表达方式必然表现出多样性。另外，与当前严重依赖"新颖性"的产品外观的趋同性不同，设计还必须接受产品的老化、随着时间推移积累的意义，以及依恋和移情所蕴含的更深刻的概念。

如今，设计是产品系统的一部分，该系统生产和销售谨小慎微、有欺骗性、寿命短暂且通常无法维修的产品。显然，这样的系统是非常有害的，并且带来令人难以置信的浪费。因此，设计必须有助于开发能够不断被调整和升级的产品。正如我们在第1章中所看到的，可持续性设计可以支持一个系统，在这个系统中本地资源、能力，以及文化和个人喜好可以发挥更大的作用。这样的系统产生出的物质文化形式将降低浪费，并且能更好地适应环境、需求和文化差异。

在这个系统中，日常的功能性物品处在不断的调整和修改中，社会和环境责任塑造了这个系统，并对设计发挥很重要的影响。与其他的方面相比，设计的重点应放在能适合不同程度的变化性、连续性、短暂性和持久性——所有这些都意味着品位。仅仅设计使用寿命更长的产品，这样的做法是过分简单化的，甚至是适得其反的；需求会变化和发展，而技术进步可以提供新的功能性益处，以及更加有效地利用材料和能源。相反，我们必须找到方法来探索发展物质文化的不同途径，这种物质文化能够不断被修改和更新，它将旧的但仍然有用的元素与新元素天衣无缝地结合起来。我们可以发展设计，让各种元素可以被维持、更新并重新发挥作用，以便维持产品的功能价值和视觉价值。可以通过其他途径探索新的方法，以便让当代社会存在的大量已经过时但仍然具有功能的产品重新获得价值。这类产品可以被看成是创造性设计的资源和机会。一方面，它们为接受产品老化提供了沃土。旧的、过时的产品对设计师开发富有想象力的结构提出了挑战，通过这些结构，要么可以克服在最初设计中存在的缺陷，要么可以在当代物质文化中为这些产品找到有价值的位置。如果没有这样的发展，今天"很酷的"产品只会加入到不断增长的废物堆的行列，只会被下一个新的事物所替代。

我同跟随自己进行研究的学生们一起，选择这些方向中的几个进行了探讨，并制订了各种不同的命题式设计。收录在此的例子说明可持续性原则可以用不同的方式加以实现。它们还表明，关于品位的偏好和产品外观的细节可以有很大的变化，变化范围可以从洁净的极简主义到具有装饰性的媚俗风格，而这些变化都可以不违反可持续性原则。事实上，产品外观可以进行调整以适应本地民情，这种产品外观的多样性作为设计革新的一个重要方面理应受到欢迎。

"音乐玩盘"（Panel Play）（图3.1）是某类音乐播放器的概念设计。它是一个矩形面板，由当地现有的片状库存材料，如胶合板、丙烯酸或者中密度纤维板制成，面板上穿凿出了一系列的小孔。面板的大小和孔径的排列是完全可变的，功能电路安装在面板背面，其中一部分可以通过小孔看到，小孔上覆盖着透明的丙烯格板。当电路元件需要被更换时，它们可以很容易被替换，并且，简单的设计使得进行替代的电路元件的尺寸可以进行变化，以使其具备很好的适应性。面板的表面可以用多种不同的方式进行处理，以满足个人爱好，或者更好地表现本地文化习俗。因此，这种设计以灵活的方式将大规模生产的功能性元素与本地生产的表现性元素整合在一起，这两者都可以不断地得到维护和更新。基本概念是建立在可持续发展的原则之上的，但外观具有很强的适应性。

图 3.1（a.b.c）
"音乐玩盘"
概念音乐产品设计
卡格拉·多干设计
图片由卡格拉·多干提供

另一种方法会在下面的例子"多样性中的连续性"中加以说明（图 3.2）。这一设计是一系列设计中的一部分，这一系列设计探讨了如何通过在本地就可以实现的设计干预来恢复旧产品的功用。这里强调的是系列物品——在本案例中指的是椅子。通过给每一个座椅的椅背设计一个简单的椅套，一系列陈旧的、磨损的、低价值的餐椅被赋予了美学上的连续性。图 3.2a 说明了增加椅套是如何将混合的各色椅子转变成有用的一整套座椅。椅背的正面和背面照片被印在了椅套的对应面。椅子的下半部分仍然可见，展现出它们之间的不同和岁月磨砺的痕迹，上面的部分被椅套覆盖来提供连续性。这样，一个简单、低技术含量但富有想象力的设计干预，使得一系列的老产品得以恢复功能并重获价值。

图 3.2（a.b）

"多样性中的连续性"

系列设计之一：恢复系列旧产品

安妮·马尔尚设计

版权属于安妮·马尔尚

　　这个例子揭示了可持续性设计的一个方面，这在设计师看来或许有那么一点不顺眼。在可持续性方面，设计的主要贡献在于发展出可调整的、本地可以实现的观念，以便在众多不同的、旧的产品中创造出美学连续性。设计者为水杯、餐具和刀具发展出了其他类似的观念。但是，要使得这一观念生效并产生影响力，设计师必须对椅套的特殊美学处理方式放权，将其交给地方层面的其他人来处理，以便更好地适应本地的喜好。图 3.2a 所示的处理方式，可以被认为是具备美学价值的，因为它与"椅子"的概念相一致，并且以一种巧妙的和轻松的方式提供了视觉连续性。人们可以认为这一选择不是随意的，而是为了恢复和重塑那些有些年头的产品而有意为之。但情况并非一定如此。在不影响可持续发展的基础上，非常有可能赋予这一观念不同的外观。图 3.2b 展示了相同的观念，但是在这个例子里，再设计的产品表现出感性和媚俗，也并没有指涉"椅子"。这再次说明了可持续性设计可以解决产品老化、持久性和审美修复的问题，同时也能包容不同的口味和偏好。

　　最后一个例子以一个简单的、本地可以生产的框架为基础，由软木木材和薄板材料做成。"酒灯"（Winelight）（图 3.3a）将回收的瓶子与标准的、现成的电气部件组合在一起，创造出一个利落、干净、风格简约的壁灯。正如图 3.3b 所展示的那样，人们可以以不同的外观方式来实现这一观念，同时也不会影响可持续发展的原则。

图 3.3（a.b）

"酒灯"

重复使用与本地生产相结合的探索性产品，斯图亚特·沃克设计

设计的精神
THE SPIRIT OF DESIGN

尽管它们表面很简单，但是这些例子表明，为了更好地解决可持续发展问题，设计和生产做了复杂和重大的调整。它们将新与旧、创新与延续、大规模生产、区域采购与本地生产结合在了一起。旧的或重新被使用的产品成为更大的整体中的要素，在该整体限定的范围中，这些产品以旧貌换新颜。审美表达是通过大规模生产元素和地方参与的结合来实现的。它们表明，能够接纳本地贡献并适应持续变化的设计生产系统，可以包括一系列以物品的概念性为基础的可持续发展原则。产品外观是其中一个方面——既体现在我们对"产品"概念的重建中，也体现在能够灵活地接受各种各样的视觉处理方式，以及能够吸引广泛的喜好和品位。但是，在任何视觉处理之外，还有关于审美体验的更深层次的理念，该理念与人工制品的根本基础相呼应，而这一基础通过其整体视觉构造、使用的材料以及物体的有形方面被观众和用户所感知。此外，如果该物体的可持续性基础已经被人们所认知的话，这也可以影响人们对它的欣赏和审美体验。

结　论

与目前的全球化和显然具有高危害性的制造与分销模式相比，可持续性设计要求人们更加重视本地生产、分散式生产和再生产。采取持续更新的产品设计生产方式，在本地和地区范围内，为产品提供了以新形式呈现的机会。在这种方式中，新旧部件组合在一起，同时产品在技术和审美上会定期得以更新。使用这种方式，日常功能性物品会变成我们的物质文化中更持久但同时又不断发展变化的因素。反之，这些产品不但代表既能减少浪费又能满足我们物质需求的模式，而且，通过其不断增强的持久性，它们也能够获得新的意义和价值。

显然，这样的观念需要一个与我们今天所拥有的完全不同的设计和生产系统。它不是简单地为本地零售商连续提供高度浪费的新型、批量产品的供应，而是有必要建立一个更具分散性的系统。当地投资和那些提供特殊组件，尤其是技术组件的供应链的发展使得产品生产、维护和升级可以在本地和区域性层面上进行。此外，在这种情况下，设计不得不放弃其曾经扮演的作为品位仲裁者的角色，因为创造力的分散行为使得产品可以在地方层面上得以不断被定义和再定义，以适应本地的需求和喜好。这样，产品会变得更多样化，品位会变得更加多元，并且处在不断变化的状态中。

鉴于可持续发展的紧迫性和重要性，也鉴于大规模生产的破坏性后果，这样的产品设计方向将会是非常受欢迎的。产品设计有机会超越其以往只是关注产品外观的局限性，转而开发对社会和环境负责的功能性物品，这类产品也可能对物质文化作出更持久更有意义的贡献。

4 现存物品

透过设计来发现

注视是一件奇妙的事情，对此我们了解，但却知之甚少。透过它，我们彻底地转向了外界，但是当我们大都这样做了之后，那些期待被发现的事在我们身上发生了；当这些事情完结以后……它们的意义显现在了外界物体上。

——莱纳·玛利亚·里尔克（Rainer Maria Rilke）

在重新界定我们物质文化的一些最基本的概念时，设计的目的要与充分保护、珍惜自然资源和现存产品的目标更加兼容。为了实现这一目的，设计要朝着能够创造出使人们能够重新发现和再次欣赏的新产品这一方向发展。这一方向可以创造出新的机会，特别是在本地经济和就业方面更加显著。这样，设计和制造可以用一种迄今为止更具实质性和结构性的措施，来消化生产和消费所带来的环境和社会后果。这使得设计不再局限于以风格为基础、以科技为导向的新颖性，进而迈向更有意义和更恰当的方向。如果我们的制成品概念能够与这些更广泛和更深刻的义务相兼容，整个设计和生产系统必将发生改变。要想刺激此类变化，设计师有义务设想其他的替代方向，并使新的可能性更加切实可行和易于理解。设计师可以做出一系列的增量式调整，或者做出更加激进的回应。这两种方法在此都会得到讨论。在这之后会进行设计探索，设计探索注重第二种方法，同时也吸收第一种方法的因素。我们会描述探索的基础，同时也会用几个命题对象来阐述这些观点。

这一讨论和与之相关的设计工作以特别关注尚有用处的电子产品的视角，拓展了之前提出的观点。这些产品正在被快速丢弃和取代——因为微小的技术进步使得它们不再那么有用，或者从审美上讲，它们不再被人们所追捧。此处包含的概念展现了重估该类物品价值的方式，从而提高其使用寿命，并且在这一过程中减少更换的必要性。

设计和可持续性

带有全新审美表现的消费品的连续生产伴随着不间断的市场营销活动，其目的是使某人对自己所拥有的东西感到不满意，致使其最终用新产品取代旧产品。[1]尽管旧产品可能仍然功能完好，它也会遭到过早淘汰，因为随着时间的推移，同时也因为新的样式层出不穷，旧产品的外观会变得破旧和过时。尽管新产品的生产和消费满足了经济目的、刺激了业务增长并给用户带来了短暂的快乐体验，但是有充分的证据显示，许多与这种物质文化概念相关的问题使其无法从根本上可持续；可持续性的基本形式伴随着环境、道德和经济方面的考虑因素。[2]

具有讽刺意味的是，尽管名为"可持续设计"，但可持续设计的名义往往被用来设计夺人眼球的产品，虽然这些产品在某些方面遵循可持续性的原则。或许它们使用了更良性的材料，或者采用了最新的、更清洁的技术。最近几年，人们采用了一系列增量策略来提高环境质量，并且，在一些案例中，改善了与当前制造业相关的社会问题，这些策略包括"自然之道（Natural Step）、[3]从摇篮到摇篮的设计（Cradle-to-Cradle design）、[4]产品生命周期评估（Product Life Cycle Assessment），[5]以及要素10（Factor 10）"。[6]为了减少产品设计和生产的负面影响，此类项目为修正当前的实践提供了实用性措施。它们为现有体系内的改善提供了重要范例。但是，增量改进模式通常会导致其生产出更多略有"提高"的产品，从而消耗更多资源和能量。因此，尽管随着时间的推移，这种对可持续性的阐释会有助于改善产品，但其本身也存在许多固有的问题。在不同的程度上，该类方法倾向于认可和支持当前这个完全商品化的物质文化的消费模式，而不是对该模式进行挑战，而该模式明显带有毁灭性。在该系统中，产品设计始终是产品营销的一部分，[7]而产品市场营销的基础是制造我们对当前所拥有产品的不满。它助长我们的不满情绪，并且不断地告诉我们要索取更多，而且我们值得拥有更多。这推动了消费主义以及人们对新奇的渴求，也带来了永远无法满足的躁动和渴望。当我们屈从于这个系统时，就再也不会得到快乐；在很多传统中，快乐与人类的满足感是同义词。[8]因此，可以这么说，我们现在的市场系统出售的是不满意和不快乐，而不是其他任何的产品。

增量式改进模式并没有以一种很有效的方式解决这类问题。它们或许对某些消极影响有所改善，但是，它们并没有提出一种能够摆脱这种既破坏环境又对社会文化和个人有害的生产系统。

重要的是，我们必须要认识到科学和技术确实有很多新的进步，可以带来很多真实且极为有价值的改变。然而，在此我们关心的是设计以及产品设计师所扮演的角色的问题。在当前的系统中，很多产品被不断地重新设计和包装，或许会增加一些相对较小的修改和特色来吸引我们的眼球。这类设计能够带来盈利，但是放在可持续性和对人类快乐更深层次认识的背景下，这类设计便意味着对资源的不合理利用、过度浪费和大量污染，对文化的不满足感也得不到改善。

设计角色的转变

正如我说的，如果新产品的创造本身就是问题的一部分，而不是解决问题的方法，那么，设计师还能做什么呢？设计师还能够再做出贡献吗？面对这类问题，在产品设计的传统范围内，答案看起来是否定的，或者充其量有相对很小的可能性。但是，如果我们做好准备去开阔我们的眼界，并且不仅仅是将设计师看成新奇产品的创造者，而是能够认真思考自然、物质文化的意义和设计方式，并对此做出贡献的创造性个体的话，那么设计师在我们重新构建和定义功能性物品的概念时，就会扮演非常重要的角色。在现在的世界中，过度消费和浪费正使我们走在一条自我摧毁的下坡路上，而设计师的创造能力对这个世界具有潜在的重要影响。正如我在第 2 章中所说的那样，在形成这一角色的过程中，学术性设计逐渐摆脱商业压力，能够做出重大的、反省性的贡献。

如果设计师要以一种更加实质性的方式来面对可持续性的挑战，他们必须要对自己的设计方法、自己做出的假设以及自己设计的产品提出质疑。很多学者和设计师已经在这么做——通过提出创新性策略，对功能和设计师的贡献提出新的见解。与以上所说的增量式相比，这中间有很多可以尝试被看成对物质文化理解的更根本的探索。比如，伍德（Wood）提出了"可实现的乌托邦"（attainable utopias）概念来展望一个系统性的变化，[9] 沙尔默（Scharmer）提出了"U 理论"（theory U）来进行革命性的改变，[10] 曼奇尼（Manzini）和梅洛尼（Meroni）提出了"日常可持续性"策略来建立"创造性社区"，该社区允许人们更大程度参与产品和服务的发展，并且有更多自我决策的能力。[11] 与增量式改进模式相比，这类方法的要求更加严格，结果更加难以预见，并且其过程通常情况下让人感觉并不是那么舒服。它提出了新的优先工作，并在实施过程中，对当前的惯例和设想，包括我们对生产和消费的设想提出了挑战。

在这类更加激进的方式中，有必要将设计应用与对物质文化的不同概念一起，作为思考、发展和展示另一种生活方式的方法。因此，设计师和以设计为研究重心的学者们，通常也和其他领域的人员一起，正是通过创新性设计过程本身，得以想象和呈现可能的变化。面对当代产品、消费主义以及环境和社会影响时，设计师可以探索新的方向，研发替代性的方法来重新认知和定义功能性物品。

现存设计

在此我要探索产品设计的一个方向，该方向倾向于那些更加激进的方法。我思考我们与产品的关系，并寻求发展一些新概念，为那些以新奇性为基础、流行一时的设计概念提供替代性的选择。将设计师看作是时尚大师的观点变得越来越不恰当和不负责任。这种观点仅仅使产品设计作为广告的一个分支和刺激消费的因素[12]。这就使得设计本身无法成为一门更加具有实质性意义的学科——有实质性意义的学科能够将自己特别的知识和技术运用到当代重要的问题中去。尽管传统的设计概念能够让设计为市场经济的持续增长模式做出贡献，但是从可持续性上来看，它产生了一系列负面的影响。此外，由它刺激而产生的欲望对增强我们的满足感和自身快乐的帮助微乎其微。[13]

另一种对待设计和设计产品的思考方式是接受现有产品，而不是继续宣传那些新的、奇特的、短寿命的产品。与环境责任相关的三个"r"中的第一个"r"是减少（Reduce），它适用于消费主义，同样也适用于特定产品中的材料和能源运用。从逻辑上来讲，消费主义的减少与第二个"r"，即重新使用（Reuse）密切相关。如果我们减少消费，那么我们就要重新使用我们现在所拥有的东西。第三个"r"是循环（Recycling），虽然减少和重新使用都比循环更加重要，但是循环却吸引了更多注意力。这是因为循环更容易与我们现在的设计和生产系统相适应；在良心得到安慰的同时可以保持"业务正常"。减少使用和重新使用要求对自然和当代物质文化规范进行更加激烈的重新评估。

除了减少使用和重新使用，此处所包含的设计例子还考虑到了大量相关的可持续性原则，包括产品寿命、本土化和自我决策，并且它们认识到了大规模的产品制造、分销和浪费所带来的社会和环境成本。[14-16] 这些不同的考虑要素互相关联，并且与我们的设计方式以及设计所服务的生产系统直接相关。它们提出了一系列疑问，包括设计的本质和意义、设计的地位，以及在承受巨大消费主义压力的世界中，我们如何理解设计师的身份等。

因此，这些提案式物品（propositional object）代表了对减少使用和重新使用的探索，以及对两者的分别表现。每一个例子都包含了一件由于价值被低估而被人们抛弃的产品。其中两个例子还包含了新的以微芯片为基础的元件，这些元件使得那些旧的、工艺落后的产品重新获得了用途。在第三个例子中，一件从审美角度看已经过时但是仍然可以发挥功用的产品被简单地重新展示，使得该产品再次进入人们的视野并重新获得价值。第四个例子是一件镶嵌在墙上的作品，是由两件审美上已经过时的产品改造而成。所有这些例子将新与旧结合在一起，并且将大规模生产与减少使用和重新使用的益处联系起来。通过这些不太显著的设计干预，给陈旧的、被抛弃的产品注入了新的生命，而且，这样做也消除了进行产品替换的需求。因此，所有的四个命题都有助于减少使用和重新使用，并且它们都是以符合多样性和本地生产的局限性的方式来设计的。

正是通过这类设计探索，设计师们得以去面对并努力克服审美过时、产品复苏、合理使用资源、削减浪费、本土化和自力更生等方面的问题。在这样做的过程中，产品的基本属性、它们与可持续性的关系，以及人类满足感理念等方面的问题被提出来。在富有创造性的、综合的设计过程中，设计师将直面这些问题。只有通过这类以实践为基础的探究，设计才能让其创造性的核心发挥作用。然而，重要的是，如果设计对当今人们关注的问题做出有效的、适应学科的贡献，它才算是真的让其创造性核心发挥了作用。以实践为基础的探究产生新的概念和设计原型，不仅能够例证不同的优先重点和价值观，还跳出了当今追求新奇的规范。通过这些方法，设计这门学科可以在开发功能性物品这方面发挥作用，使这些功能性物品更有意义、更持久，并且有利于倡导温和节制、包容开放的文化。

现存设计中的探索

现在这个系列作品中所使用的方法开始阐明产品设计的角色变换中的许多方面，它超越了不受约束的生产和消费这样的优先重点。如今，设计有义务解决一系列当今人们所关注的重要问题，并且运用其创造性技能来预见一个更良性的、最终更加令人满意和有意义的物质文化概念。

这些设计探索关注的焦点是在被我们称为"被当代社会遗弃的产品"上。它们是没人想要的消费品，被认为已经过时，但是还没有古老到像复古物品或是古董一样可以获得情感价值。它们是那种可以轻易被丢在一边或者被替代的产品。使用被丢弃的物品、给被扔掉的产品找到一席之地以及重新使用破损的产品，这些不仅是珍惜、尊重和重视地球资源的方式，同时也是珍视、尊重和缅怀那些在物品中积淀的时间、思想和创造力。超越它们最初的使用方法而再一次探索如何使用这些产品，是进一步印证其在世界上存在的合理性和价值的方法。这么说或许听起来不是很时髦，但这是一种欣赏的形式，也是尊重甚至是使这个世界、它的人民以及资源变得神圣的一种方法。不仅如此，以一种新的方式来呈现老的、现存的产品，可以使我们接受它们现在的样子，并且，尽管它们造型并不时尚，而且已经有了磨损，但是我们仍然会对它们感到满意，认为它们只要存在就已经足够了。

从 20 世纪初期杜尚（Duchamp）的现成品，[17] 到劳森伯格（Rauschenberg）那些将拾得物融入雕塑中的作品，在艺术世界里有很多针对这类探索的优秀范例可供借鉴。尤其是劳森伯格的作品，尽管不具备实用性，但是拯救了那些被丢弃的、滥用的、卑微的物品，并赋予其新的生命，在当今这个富足的社会里，这些物品总是被无情地抛弃。[18]

这一组设计提案中的第一件人工制品是"重新播放"（图4.1），它将一个 MP3 播放器连接到一个重新使用的、已过时的录音机上。它们被固定在一个带有架子的矩形面板上。在这个例子中，原来的立体声音响的黑色外壳和黑色电线和 MP3 播放器搭配在一起，同鲜明的白色背景形成对比，最终构成一个清晰、干净的图像和背景关系。但是，根据可用的回收产品的情况，组合方式是可以变化的，并且可以根据本地的需求和美学偏好对其进行调整。"重新播放 2"（图4.2）运用了相似的元素，但是却选择了非常不同的方向。

图 4.1

"重新播放"

将一个 MP3 播放器与一台老式的、被重新利用的卡带式录音机连接在一起，
并固定在一块白色板子上，形成一个"功能性组合"

图 4.2

"重新播放 2"

"重新播放"的概念可以适用于当地的各种旧产品。
此例中，一台旧的木纹收音机成为个人音响设备的播放器在这个例子中，一个旧的仿木纹塑料收音机外壳被放置在大约相同年份出产的壁纸上。一个旧信封中装着一个苹果音乐播放器，该信封被钉在配有古董明信片的背板上。最终的组合方式表明这一方法可以在本地进行自定义，以适应各种各样的旧产品。这是设计概念中最基本的一个方面。这类被丢弃的物品具有不同的外形和尺寸，并且分布范围广泛。所以，任何旨在吸收这些物品的设计提案都必须具有高度的灵活性，而且，人们在本地层面就可以完成。"重拨"（图 4.3）是一个安装在喷漆矩形板上的已过时的壁挂式电话，可以使人们回忆起曾经的时光和场景。在这个例子中，并没有给原来的产品增加新的技术，也没有做出什么改动。它只是在喷漆面板的范围内被重新呈现出来。同样，"重拨 2"（图 4.4）将一个旧时的壁挂电话与相同年代出产的收音机一起，放置了一个白色面板上。

在这些例子中，物品被安置在了特制的支架上，这些支架确实重构了过时的产品。事实上，这样将它们放在基座上，使它们与周围环境分离，重新赋予它们语境，它们就可以被重新呈现和再次欣赏。在这种方法里，单个的、被重新使用的物品成为更大整体中的元素。如此，所强调的重点就发生了变化——焦点不再是集中于一个过时的、不完美的旧产品，而是聚焦于整个作品。这些重新使用的产品并没有经过改装或是重新修整，以掩盖它们曾经被使用过的痕迹以及本身并不时尚的造型。在更大的产品中，它们坚持以原来的方式"工作"，而这样做也正是为了保持它们原来的面貌。因此，通过成为当代产品中的组成元件，它们重新获得了尊严和价值。

这类探索倾向于为设计定位一个新的角色——这一角色更加适应人类、社会和环境的需要。这些案例并非作为可行的商业产品被呈现，而仅仅作为在为设计重新定位的道路上的小小进步，沿着这条道路会发现设计所能扮演的新的，或者是更加有效和更深远的角色。这个角色独立于如今仍然占有统治地位、具有毁灭性的过度生产和浪费的体系之外。与当今工业设计中较为普遍的设计过程相比，这一方法也隐含着一个不同的设计过程；此处所讲的过程更加类似于拼贴或是组合，而不是当代实践中无中生有的方法。

客观地说，这一方法并没有忽略科技发展和创新，而是试图在合适的时候应用科技和创新。在前两个例子中，人们调整了被重新利用的物品，以便使用 MP3 中的技术。MP3 的优势和随之而来的对 MP3 的包装和分销，使得人们不再需要生产磁带和光盘。MP3

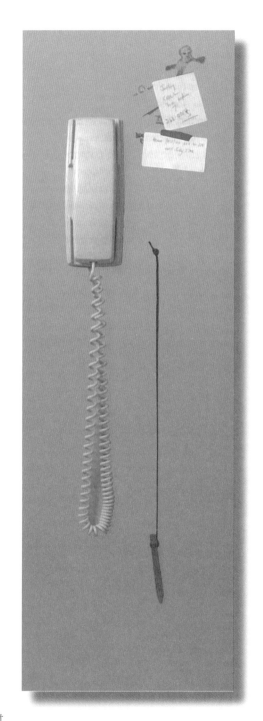

图 4.3

"重拨"

安装在喷漆面板上的一个样式过
时的壁挂式电话

图 4.4
"重拨 2"
固定在白色板子上的老式壁挂电话和收音机

的优势与旧产品中现存的仍然可用的扩音器和扬声器结合起来，与丢弃旧产品，并用为 MP3 播放器特制的新的扬声器系统替代旧产品的方法相比，这个解决途径更加合适。旧产品被改造和重新使用，并通过再现的方式，得以被重新评价。

　　这个例子与楚格公司（Droog）的设计师沃尔夫（Wolf）、巴尔德（Barder）以及奥莎茨（Oschatz）的尝试多少有点类似，但目的并不相同。在他们的"盗版物品"（Bootleg Objects）系列中，他们使用 MP3 技术更新了过去的经典设计。被选中的产品包括迪特尔·拉姆斯（Dieter Rams）1962 年设计的布劳恩音响（Braun Audio），1973 年的邦 & 奥卢夫森（Bang & Olufsen）音响系统，以及 1980 年的 Technics SP1210 唱机。[19] 所有这些产品都因为精湛的设计而被广泛认可，拥有自身价值；这些产品被挑选，正是因为它们被看作经典。因此，它们并不是那种典型的被放到慈善旧货店或是扔到垃圾场的产品。它们已经走过了不受欢迎的过渡期，成为了珍品，它们再一次成为众人追捧的对象。

对比之下，此处使用的产品并没有这种设计声望。或许"重新播放"产品中的录音机（图4.1）最能说明此问题。挑选这一产品正是由于它已不再为人所需。它的磁带技术已经过时。它被认为不再具有美学价值，不再流行，并且也没有具备"复古的时尚感"。

总之，这一章特别讨论的功能性物品试图：

·**观察**物品本身。通过在本地可实现的适当的设计干预，用新的框架呈现熟悉的产品。

·**接受**物品本身。接受其褪色的、过时的外形，以及使用所留下的痕迹。

·**珍视**物品本身。为了它们仍然提供的益处。

·**尊重**物品本身，因为这样做的话，我们就尊重了那些融入其中的设计思想、独创性、时间以及努力。我们同样也尊重了已经在生产中被使用掉的资源和能源。

·**节制**我们的占有欲。通过重新展示以及重新评价我们已经拥有的物品，而不是简单地丢弃或是用新产品替代旧产品。

·**放慢**占有欲造成的娱乐文化的速度。根据事实本身来说，娱乐文化无法做到自省，并且，这反过来会增强现在的消费主义模式。

但是，这些产品最终还是要靠自己证明自己。设计语言不是词语，不是争论，也不是标准。它就是设计本身。词语可以发挥一定的作用，但是剩下的一切必须由产品本身来完成。

5 石块中的启示

可持续性论证和可持续人工制品

我们的生活远离尘嚣。

树木娓娓诉说，溪流传授知识。

石头蕴含启示，万物皆有益处。

——威廉·莎士比亚（William Shakespeare）

如果要将我们的生活从高消费的方式转变为我们更喜欢的同时破坏性更小的方式，那么不仅需要我们的日常活动发生众多改变，还需要我们的态度、价值观以及优先考虑的事项做出转变。这一转变的本质是什么？它对我们的产品设计方法以及生产方式而言意味着什么？本章中，我们会讨论这些问题，并且通过创造一个有象征意义的人工制品来解释其潜在的含义。这一功能性物品不仅在其生产、使用和最终处理方式上完全符合可持续性原则，而且其基本目的与对人类意义的深刻理解相互关联。

现代社会中，科技的主导地位在可持续性方面带来了独特的挑战，并引发了一系列问题。科技进步与消费、发展、工业资本主义的承诺以及我们对"进步"的理解密不可分。在本章中，我们会基于"存在"而不是"拥有"来探讨另一种观点，这种观点根植于长期存在的哲学和精神传统，坚定地将可持续性置于此时此地来看——而不是将其看成是为了遥远的未来而奋斗的目标。我们活动方式的改变与我们自身态度和观点的内在变化这两者间的关系，与可持续性以及"地方"发挥的作用有直接的关联。随后，这些概念成了产品设计师要考虑的一系列因素，通过人工制品的开发、设计和生产得到应用。最终，我们得到一个兼具可持续性与意义的功能性物品，它所引起的问题为我们重新思考过去的优先考虑事项以及产品设计方法提供了基础。因此，创作该物品的过程以及物品本身既解释了所讨论的问题，也阐明了功能性物品、可持续性以及对个人意义和成就的更深层次考虑之间的关系。

技术乌托邦

当今时代最显著的特点之一就是着重凸显科技发展的重要性。这需要在高校、私人企业以及政府工作的重点方面付出极大的努力、花费众多资源以及进行巨大投资。在富裕国家，大多数居民的家里、汽车上，甚至口袋中，随处都有高科技的印记，而且，在经济不那么发达的国家，情况也是越来越如此。科技被看作财富创造、就业、安全、竞争力和进步中一个至关重要的因素，几乎成了"创新"的同义词。

通过消费品的生产，科技发展与潜在利润紧密地联系在一起，而消费品的生产又与能源和资源的使用、浪费以及污染相联系，并且在很多情况下，也与社会不公相关联。因此，科技研究和发展并不是无关紧要的活动，相反，在很多情况下，它们是可持续性问题的重要方面。正如第 4 章所说的那样，"可持续性"通常被理解为指涉社会、环境和经济问题，以及它们之间的内在联系。此外，接下来的讨论表明，如果我们想要得到重大的、持久的以及满意的改变，那么更深层次的关于意义与目的的问题就必须成为我们讨论的中心议题。

从医学研究到通信，先进技术给我们生活的诸多领域带来了巨大利益，一些新技术通过提供更多的节能方案和低污染产品，减轻了对环境的影响。但是，必须要认识到，我们对高科技消费品发展的重视以及随之产生的这些消费品的生产和全球分销，正在带来许多社会不公和严重的环境问题。[1, 2] 所以，如果我们要认真解决可持续性带来的挑战，那么尤为重要的一点就是，要反思我们今天对这类消费品的发展和扩散的强调。

此外，科技研究和发展通常会通过研究委员会和地区发展机构获得政府基金的有力支持。根据创造竞争优势、经济增长、就业机会和财富的基本原理，与艺术和人文相比较，科学和技术会得到优先支持（在英国，两者间的比例超过了 20∶1）。[3] 尽管这种做法会带来一定的好处，但也会使我们的优先考虑事项和付出的努力出现不平衡。在这一不平衡中，工具性价值往往比内在价值更受青睐。

非可持续性的发展

科技发展、短期政府工作计划以及使用寿命短暂的高科技消费品的生产，三者之间的关系能够鼓励消费主义，并且进一步强化一个从根本上不可持续的系统。认为通过大力发展日益复杂的技术就可以减少环境破坏并推动社会和经济福祉、平等和公正，这样的想法是很荒谬的。在自由市场资本主义制度下，对研究和发展的投资只有在未来可能带来盈利的情况下才会被认为是合理的。这始终意味着，通过畅销产品，通常是以大量生产的消费品的形式，科技实现了商品化，这会反过来加剧环境破坏，并且经常与社会剥削联系在一起。这条实现经济繁荣和社会福祉的道路以如下几点为基础：

·谬误的、越来越靠不住的、具有破坏性的持续增长意识——体现在生产和消费上，因而也体现在资源和生存环境枯竭、污染、浪费以及人类剥削方面；[4]

·企图通过不断提高物质生活水平来获取幸福的错误尝试；

·全球经济体中的侵略性竞争。

要想继续追求这类方法，只会让我们保持与过去相同的思维方式，这种思维方式是过去一个世纪甚至更长时间里的特征。这并不是创造性思维。这仅仅是要延续那种不断发展和生产消费品的惯例，这些消费品不断更新，但更新的结果却通常是微不足道且转瞬即逝的。我们曾一度认为，只要能创造财富、带动就业，能够想到的任何种类的产品都可以被生产。今天，这种看法的累积效应和破坏性影响已经非常明显，使得这类实践也越来越难以维持。但是，市场不断传递出我们需要这类科技"奇迹"的信号，并且广告产业的精英们甚至把对消费主义的批判变成了颇具诱惑力的广告说辞。其中一个例子就是英国塞尔福里奇百货公司（Selfridges）与美国艺术家巴巴拉·克鲁格（Barbara Kruger）之间的合作。[5]在这家百货公司里，广告旗帜上公然宣称"购买我，我会改变你的生活"以及"想它、买它、忘记它"（图5.1）。同样的，美国汽车制造商悍马公司（Hummer）因生产面向民用消费者市场的超大型汽车而广受批评，该公司曾经推出一则电视广告，镜头聚焦在一个正购买素食产品的男人身上，但随后这个男人出现在了悍马车的轮胎旁，同时屏幕上出现字幕"恢复平衡"。[6]通过使用讽刺和幽默的手法，这类案例表明，工业资本主义具有无限的适应性，这使得它几乎可以削弱针对它的任何一种形式的批评。[7]

当然，商业公司最主要的目的是创造并不断增长股东的利润，而与消费主义关联在一起的科技已经成了创造利润最主要的方式。政府通常会支持这一行为，认为这对经济具有积极的作用。但是，尽管公司和政府大肆鼓吹"绿色"，但是以消费主义、资源开发和能源利用等方面的不断增长为基础建立起来的方法，显然与任何对"可持续性"的深刻理解都大相径庭。

图 5.1
营销标志"买我吧"
塞尔福里奇百货公司，特拉福德购物中心，曼彻斯特

有瑕疵的完美

当制造与营销结合在一起时，其结果是对社会福祉的理解通常会充满技术统治论的色彩。它隐含的信息是，未来某种可持续发展的完美状态事实上是可以实现的。在这种状态下，通过巧妙地应用先进、超节能以及无污染的科技可以解决环境和社会问题。很明显，这一观点非常幼稚，并且违背了从古至今主要哲学和智慧传统的逻辑与教义。但是，事实上公司商业主义无休止地传递出的信息是，这类产品或者是那类服务会实现你的梦想，让你变得更快乐。

这类有缺陷的观点甚至会得到更进一步发展，因为公司利益无休止地促生人们的不满情绪，并且刺激人们的欲望——从现代购物商场华而不实的装饰以及肤浅的"辉煌"（图 5.2—图 5.4），到市场上越来越高档而且稀奇古怪的商品和服务皆是如此。它们意味着精英主义和地位，由此来满足我们的虚荣心。在我参加的一个国际设计会议上，[8] 主题演讲中提到了一种高性能的电动跑车，[9, 10] 以及为了太空旅游商业化而做的设计。[11, 12] 然而，高价的电动跑车看起来或许是解决了汽车排放问题，但仅仅是将问题从排气管转移到了发电站，发电站可以是燃煤的，那么会产生碳排放问题，可以是核能的，那么会产生放射性废料污染问题，或者可以是水能的，那么会产生环境影响问题。这类奢侈品对真正解决环境问题作用很小，但是它确实能激起我们的欲望，并且让我们消费上瘾。[13, 14]它们自身也有问题。比如，在本案例中，并没有提到成千上万电池相对较短的寿命问题，以及如何处理这些电池的问题。太空旅游演讲集中在所提供的"体验"上——加速时的兴奋，三四分钟的失重状态，从太空观看地球，以及可以向孙子讲述去太空的故事。

不论是坐在跑车里，还是坐在宇宙飞船上，这类刺激的旅行与培育有意义的满足概念没有太大关系；相反，它制造了一种建立在消费基础之上的错误的幸福感。一方面，这些只有少数人才能享用的、备受追捧的产品可能会滋生虚荣、嫉妒以及不满，但是另一方面，那些相对便宜一点的产品的盛行其实会产生更多的问题。比如，由印度塔塔汽车公司（Tata Motors）[15]生产的世界上最便宜的汽车，它的发售进一步使印度变成了一个高消费国家。

这些类型的产品和消费直接通过它们所导致的累积效应，并间接通过它们所助长的不满和欲望，加剧了原本已经很严重的环境问题。

哲学家查尔斯·泰勒（Charles Taylor）解释道，当代世俗化的世界观有一个特点，即认为"意义"是通过自我实现得到的，这是基于进步、理性、自由等概念之上形成的。他提出，在过去的时代里，意义被认为产生于一种高层次、超然的理解之中。与此不同，现代世界里，在人们的生活中，意义的概念建立在个人努力能够有助于人类社会产生跨时代进步的观念基础之上。因此，与发展和物质进步相关的人类努力成了当代"意义"这一概念的中心。这种相对较新的思想受到了批评，因为人们担心这种进步概念只会产生无意义感。这种无意义感要么来自人性水平的普遍"降低"，要么来自否认在空虚中可以产生超越性的结果，这种否认可能导致空虚的生活，而这一切最终会激起"百无聊赖，毫无意义"（nothing but ennui, a cosmic yawn）的情绪。[16]

图 5.2

"棕榈阁"大堂

特拉福德购物中心，曼彻斯特

图 5.3

"远洋邮轮"美食广场

特拉福德购物中心，曼彻斯特

图 5.4

气派的大理石和黄铜楼梯

特拉福德购物中心，曼彻斯特

进步、意义和不可持续性

这凸显了与当今我们处理可持续性问题所做出的努力相关的一些最基本的问题。现代性及其关于进步的意识形态，旨在通过工业化以及物质产品的消费来推动人类的幸福、意义以及满足感。在大多数经济发达的西方国家里，这种想法的合理化严重冲击了传统思想中对于意义的理解，正如诺斯科特（Northcott）所说的，这类意识形态通过世界银行等机构强行进入发展中国家，已经造成了这些国家大范围的环境和社会危害。[17] 教皇本笃十六世（Pope Benedict XVI）也表达过相同的观点，他认为来自富裕国家的科技和物质已经驱逐了本土的社会结构、价值和观念，并且给发展中国家强加上了一种技术专家统治论的思维模式。[18] 此外，很重要的一点是，我们需要认识到，现代主义假设科技和物质发展会与道德进步相伴，事实上并没有证据支持这种假设——第二次世界大战中使用工业化手段进行的种族灭绝行为，以及之后为发展武器而促进的科技进步，都证明这样的假设是错误的。[19]

针对现代世界观而提出的挑战带来了后现代主义。一方面，通过明显的对不同表现形式（包括宗教表达，也包括借由超验而获得的对意义的认知）的包容，为重新确定意义带来了希望。另一方面，它以相对主义的观点看待宗教和其他表达形式，从而否认任何声称是普遍真理和权威[20]的说辞，使它们变得平庸和无效，这成为促使宗教和世俗领域内原教旨主义兴起的一个因素。[21]

现代关于进步的设想所带来的破坏作用，与后现代的相对主义一起，导致了贝蒂（Beattie）所说的"贪婪消费者"的出现。这类消费者不断寻求"新颖、创新和改变"，[22]但是，由于缺乏整体意义和目的感，他们极易受到企业营销中诱导性信息的影响，而这些信息鼓吹，只需再购买一次，就能发现意义所在。

拥有或存在

不论是现代关于进步的一般观念，还是具体的科技进步，都没有让我们更接近更加可持续的生活方式。事实上，有证据证明情况恰好相反。同样，后现代繁杂和混乱的关注点意味着，政府和商业领袖呼吁寻找更可持续的发展方向，呼吁限制与气候变化有关的排放，以及呼吁提高社会公平和正义，但同时也正是他们支持增长和自由贸易的说法，并且为了实现这些目标而大力推动"贪婪的消费"。这类消息存在着内在的矛盾，而且我们只是在由此产生的困惑中继续疯狂掠夺地球。尤其是在富裕国家里，人类福祉与产品积累成为同义词，随着人们越来越多地将身份感与他们所拥有的事物联系在一起，而不是与他们自身是谁联系在一起，"拥有比存在占据着更高的地位"[23]。就像近来的情况一样，当急剧增加的娱乐产品伴随着上述现象出现时，不断的获取便会产生更多的心力分散和割裂，进一步削弱了在更大、更有意义的社会语境中进行自我反思的意识。

诸如威廉姆斯（Williams）一样的神学家反复提到今天普遍存在强调拥有而不强调存在的现象，以及这一现象对人类福祉的危害。威廉姆斯提出"西方现代性中的一些东西确实正在吞噬我们的灵魂"[24]。同样，德波顿（De Botton）指出："我们的思想容易受到外界声音的影响，这种声音告诉我们什么才能让我们感到满足，它可能会淹没我们灵魂发出的微弱声音。分散我们在正确探寻优先考虑事项这种谨慎、艰巨的任务中的注意力。"[25]因此，崇拜"进步"、疏于反省、疏于自我认知和意义探寻，已经成了当今时代的重要特征。这两者都与贪婪的生活方式有关，也因此与非可持续性联系在一起。

大学也无法免受这种时代观点的影响。事实上，随着政府在研究预算方面给大学强加了越来越多的规范，如果大学想要有资金保证，他们就别无选择，只能听从命令。最近有两条大学宣传策略声称"重要的不是你置身何处，而是你将去往何处""重要的不是你置身何处，而是你心之所向"。[26]这种口号与某些商业计划相似，通过强调"接下来"可能发生充满诱惑力的事而表达对"现在"的不满。这些令人遗憾的信息被传达给即将开始大学生涯的年轻人，即教育被推动成为实现其他目的的一种手段，而非实现教育自身价值这一目的的手段。对教育进行市场宣传时，仅仅把它作为获得一份好工作的通行证，而非热爱学习的入场券。这种信息暗中贬低当下的价值，即充分活在此时此地的价值。它们还揭示了我们时代的意识形态已经暗中产生了多么巨大的危害,因为,如果我们社会有一个机构应该审视、质疑及批判这些主张,那么这个机构就是我们的大学。正如切斯特顿(Chesterton)曾经所言:"顺从时代的观点总是很容易,难的是保持自己的看法。"[27]

另一个声音

那些选择不同道路的人往往不是政治家、商业领袖、经济学者或技术专家,而是诗人、艺术家、哲学家和那些专注于更高层次精神追求的人。这种不同的道路体现在艺术家、音乐家布莱恩·伊诺(Brian Eno)等的"长远的现在"项目中;[28, 29]表达在对修道院传统中提及的"永恒的现在"的宗教理解中;[30]隐含在某些画作中,如米罗(Miró)创作的作品《一个有罪之人的愿望三联画》(*L'esperança del condemnat a mort* Ⅰ – Ⅲ)中;[31]展示在朗费罗(Longfellow)[32]所写的文字中:

别指望将来,不管它多可爱!

把已逝的过去永久掩埋!

行动吧——趁着活生生的现在!

强调的重点是要充分活在当下,而并非要不断期望或渴望下一件事物。

这暗示了对可持续性相当不同的一种理解方式——不是努力追求未来某种生活方式,而是在我们作为个体的态度、想法和行动中,现在就要处理的事情;在我们的"存在"而非我们的"拥有"中。它挑战我们的想法、欲望和行为。充分活在"永恒"的现在不是指瞬时的惊险游乐或持续的消耗。就其本身而言,它代表优先顺序和价值观方面发生的重大变化。毫无疑问,如果没有这种"内在"变化,我们就没有准备好也不愿意做出必要的系统性改变;这些改变可能使我们摆脱当前的高度消耗性和破坏性行为。的确,如果我们当代的生活方式真的在环境上不可持续,那么我们迟早会别无选择,只能改变。不过,如果优先顺序和价值观没有改变,我们会把这种被迫的改变视为持续强加给人们的不受欢迎的剥夺行为,认为它无情地阻碍了我们追求那些我们依然渴望但越来越难以实现的生活方式。

可持续性：价值观和本土化

可持续性不仅仅指需要通过新科技、法律或政策去解决的"外在的"（out there）问题。如果对内在目的和意义没有清晰的认识，这种"外在的"活动确实能造成很多矛盾。外在改变必须伴有内在改变，且由内在改变所引导。如阿姆斯特朗（Armstrong）所说："除非有某种精神革命可以跟上我们的科技才能，否则我们不可能拯救我们的地球。纯理性教育是不够的。"[33]

实际上，如果我们没有准备好减少我们的消耗水平，我们就不能指望降低环境恶化的程度。除非我们能培养其他获得满足感的方式，同时这些方式能保障经济信心和安全性，否则降低环境恶化度的可能性不大。为了实现这种转变，我们需要考虑"存在"优先于"拥有"的意义，以及这可能给我们的生活方式带来的影响。

这种观点一点也不新奇。强调完全活在当下或强调"存在"，向来是世界重要哲学和精神传统的主要教义。从老子（LaoTsu）到梭罗（Thoreau）、从苏格拉底（Socrates）到甘地（Gandhi），这些传统不仅论及通过无私和拒绝自我中心的欲望来实现内在发展，还教导我们对财富、身份和财产的关注会阻碍"内在"成长。[34]因此，它们完全符合批评消费主义破坏性影响的当代可持续性观点。不过，这些教义与当今的商业所传递的信息（表5.1）形成了鲜明对比。

尽管充满智慧且与内在发展相关，这些教义提及的"狭窄小径"[35]向来在日常繁忙事务和社会事务中不被重视；被重视的是对世俗享受、娱乐和个人利益的过度追求。在过去，这些追求行为虽然对社会和个人有害，但对地球本身的影响相对较小。但是，情况已经发生改变。20世纪，城镇人口猛增以及随之而来的急剧工业化、大众营销和大众消费主义对环境造成影响，在当代具有极其严重的后果。[36]

因此，传统智慧的教义体现出对可持续性的许多重要考虑，尤其是：关注现在；减少占有欲；关心他人。更加注重"本土化"也是可持续性的另一个关键方面，非常符合这些传统。

首先，"本土"指最接近的事物。作为强调"本土"的结果，人们会更加直接地认识到他们的行为对他们所处环境的影响，爱护自己的本土环境会带来明显的个人和公共利益，确保生活和工作的环境优美健康。

表 5.1　传统教义与 21 世纪营销信息

历史上哲学家和精神领袖的教义	21 世纪公司信息
"罪莫大于可欲，祸莫大于不知足" 老子，公元前 500 年，中国[37]	"'照片'没有显示整个车子，但仍然激起了对新鲜事物的渴望。" 梅赛德斯奔驰，欧洲[42]
"……置买的，要像无有所得；用世物的，要像不用世物。" 圣保罗，公元 1 世纪，欧洲[38]	"它的黄、白和永恒玫瑰金是威望和奢华的永久象征。" 劳力士，欧洲[43]
"我们的发明常常是漂亮的玩具，只是吸引我们的注意力，使我们离开了严肃的事物。" 梭罗，19 世纪，美国[39]	"阳极氧化铝和抛光不锈钢外壳，外加可供选择的六种颜色，苹果 iPod nano 音乐播放器的设计让你铭记于心。" 苹果，美国[44]
"当今工业社会随处可见这种不断刺激贪婪、嫉妒和贪念的邪恶特性。" 舒马赫，20 世纪，英国[40]	"谷歌的利润让市场失望" 截至 12 月底的三个月，谷歌的利润增长了 17%，达到 12.1 亿美元（6.08 亿英镑）。分析师一直希望利润有强劲的增长，但在盘后交易中其股票大幅下跌。 英国广播公司新闻[45]
"文明的本质不在于数量上的无限扩张繁衍，而在于主动自觉地减少人类需求。" 甘地，20 世纪，印度[41]	"酷乐仕智能水：拥有所有答案的水。" 瓶装水广告，美国[46]

其次，通过与本土化层面的直接接触，我们不太倾向于将他人进行人格物化。如果我们不能将他人看成是完整的"人"，而仅仅看作"使用者""消费者"或者是"劳动力"，那么我们是在帮助建立"他者"（the other）。如果这种情况发生，就无法产生同理心。由于物理距离以及语言、阶级、种族、宗教或肤色的不同，全球化似乎会加剧恶化这一趋势。我们或许听说过在"那里"（over there）存在着剥削劳动的情况，即在那些为更加富裕国家生产产品的发展中国家中。但是，地理距离也拉大了我们的心理距离，会导致人格物化，以及让我们接受在其他地方发生的不公平、不公正的做法和情况，而我们

自身是不愿意容忍这些做法和情况的。虽然也并非完全不可能，但将与我们有直接联系的人进行物化更加困难——比如邻居、同事以及每天生活中遇到的人。因此，除了在其他国家减少人类剥削的努力外，在生产中更多地实现本土化，会带来直接的接触，并进而带来符合社会公平正义的可持续性原则的做法。

第三，专注于本地实践、活动以及问题的解决，会让我们不再将可持续性看成是需要我们努力在未来才能实现的目标，认为到未来就不再有不公平、不公正以及环境恶化现象的发生；这是一种乌托邦式的、适得其反的想法。现在，我们有义务立刻采取行动，对我们毁灭性的行为模式发起挑战，并且通过实践，远离那些对环境和社会有破坏性的习惯。不论未来的条件怎样，我们每一个人在现在的活动中，要在我们自己的影响力范围内做出有建设性的贡献，并且要明白"本地"的概念在人与人之间会有很大的不同，这是根据每个人的角色和贡献而决定的。

基于这些原因，更大程度的本土化转变意味着消费品的价格会更加能够反映它们的真实价值。产品生产者会得到足够维持生活的工作收入，拥有不错的工作条件，并且每个人都会有兴趣去维持环境水平。因此，本土化转变看起来会激发世界伟大智慧和精神传统中所说的态度和行为，在这一过程中，也能更好地处理一些社会和环境原则。

人工制品：带有象征意义的可持续性物品

如果这些观念能够与设计过程发生更直接的关系，那么它们在产品设计领域带来的差别可能更加明显。 所以，本研究包含了功能性物品的创造。设计和生产过程，以及最终制成的人工制品，都能够体现和证明那些被探索的原则；目的在于通过设计和生产一个具体的、可触及的物品，来概括上文所讨论的整体概念和想法。

设计本身就是一个探究的过程，它让"思考"与"行动"在一个迭代的过程中相互联系，并相互影响。所以，一个真实的人工制品的创造源于思想并且会影响思想，它为我们理解这些问题提供了重要的以设计为中心的元素。

从以上所说可以看到设计的几个目标：

·物品的功能性成果应当与我们上文所描述的那种价值转变相一致，或者为这种价值转变做出贡献，这种价值转变包括从"拥有"到"存在"的转变，包括对当下的强调。它应当在重新定位优先事物方面做出积极的贡献，抛弃那些仍然对环境和社会造成破坏的生产系统，抛弃那些只顾经济利益从而鼓励不满、消费和浪费的行为，它还要对那些体现社会经济公平、公正以及环境责任的伦理和可持续发展原则做出贡献。

·物品要能够部分或全部在本地生产，使用本地现有的材料和技术，尽可能少地使用能源。

·物品在生产、使用以及使用后各阶段对环境的影响应该极小。它作为事物的概念，它的物质性、生产过程、功能、使用和处理应该完全与可持续原则一致。

因此，我们的目的并不是在与其他类似物品比较后，通过降低自己物品的环境破坏影响来体现该物品的可持续性，因为，这种物品本身仍具有一些负面效应。相反，我们的目的是生产出其本身作为事物概念来说就可持续的物品。这就是说，该物品不仅要在其生产模式、功能、美学性和最终处理上体现可持续性原则，同时它的存在和使用在积极发展和加强可持续态度方面的推动方式，也要体现可持续性。

在所讨论的这种物品的发展中，我们还要考虑一些其他的因素：

·生产物品的地点必须要在设计师工作与生活的地方。

·在决定功能性物品及其特殊定义时，应当将对本地的熟悉和考虑同上述所说的与目的、材料和技能相关的因素相结合。因此，人工制品是在与本地的协调中产生，而不是由外部强加的。

·强调物品在"目的和地点"上的适应性和倾向性。对该问题的强调应该重于其他在当代设计实践中可能重要的因素。商业可行性并不构成一个因素；目的在于能够施加影响，并且具有说明性。

·当决定生产物品的类型，以及设计其外形时，新颖性和创意并不是很重要，也不会成为追求的目标。这一观点看起来或许有些非同寻常，但是，当代消费主义是如此紧密地与新颖以及所谓的创新联系在一起，并且受它们的推动，所以我试图从我的设计项目中消除这些因素。先行者们曾经尝试过这种做法。例如，在设计东正教的标志时，标志主题的绘制（或者如惯例所说的"写作"）参考了先前的描述，其构图和风格由传统决定，而非个人表达。[47, 48]

想着这些优先事项和考虑因素，我去了离我家最近的乡村。这是一个有较多高沼泽地和肥沃深谷的地方（图5.5）。人们的主要职业是耕作，主要的风景是由干燥石壁围成的牧场，其中圈养着各类羊群。溪流与河水穿越沼泽地，还有砾石床和古老的垫脚石，而石屋和谷仓在地平线上显得格外突出（图5.6—图5.9）。对该地区的调查显示，该地有小型的家庭型稀有羊种培育产业，以及与其相关的羊毛纺织产业。

过去有一项研究关注那些帮助我们内心发展和作为沉思工具的物品，比如佛教转经筒、念珠以及犹太教祈祷披肩。[49] 这个研究及对前文所述经历和发现的反思使我想到了用于记录冥想语录或是祈祷的一种古老的计数设备。[50-52] "这一设备"自公元3世纪就开始使用，简单地由一堆石头组成。为了记录灵性修炼，每当完成一句真言或祷语后，人们会从石堆中取走一块石块，在旁边堆起另一个石堆。这一设备与本地家庭型纺织产业的结合能够生产出一个简单、有说明性的功能性物品，它能够满足项目中所有的优先事项。

再次造访这一地区时，我从一条小溪的河床中捡了一些小石头。之后，我将这些石头清洗干净、晾干，然后将它们堆成计算设备的形式。将石块一块接一块地移动，形成另一个石堆，我根据特定的尺度，将其定义为一个舒适的"使用"区域。我拜访了本地的纺织工，委托她给我织一块布，这种布用她所饲养的蒂斯沃特稀有绵羊（Teeswater sheep）的羊毛纺织而成（图5.10、图5.11）。几个星期以后，布料在一个小型手工织布机上纺织好了（图5.12）。我把那些石块放在布料上，做成简单的"计算设备"，然后这一人工制品就算是完成了（图5.13—图5.15）。

图 5.5
紧邻作者工作地点的乡村

设计的精神
THE SPIRIT OF DESIGN

图 5.6
干石墙

图 5.7
牧场绵羊

设计的精神
THE SPIRIT OF DESIGN

图 5.8

河石

图 5.9
石头谷仓

　设计的精神

图 5.10
蒂斯沃特稀有绵羊

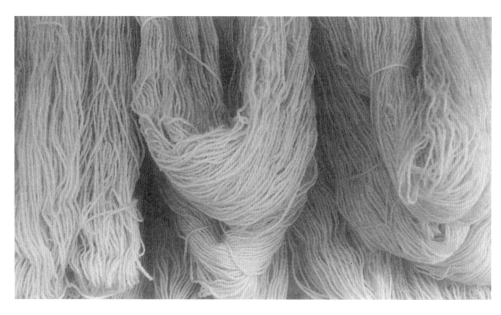

图 5.11
蒂斯沃特绵羊毛线

图 5.12
手织布

图 5.13
可持续人工制品
计数工具——在手织布上放 33 块河石

图 5.14

可持续人工制品

细节图 1

图 5.15

可持续人工制品

细节图 2

一个象征性的人工制品

显然，这一物品非常简单，对当代人而言，它作为一件有用工具的意义非常小。但是，作为一件人工制品，它满足我们之前所描述的所有目的。

就其功能而言，这类设备会在冥想练习时被使用，这就与优先事项的转变有关。几千年来，这类实践已经在世界上不同的文化中得以实施。它们可以以宗教传统为基础，或者也可以完全世俗化。它们通常以重复一段经文、一个短语甚至是一系列毫无意义的音节为中心。[53] 值得注意的是，这类行为会带来更大的专注度，获得摆脱冲动和欲望的自由，[54] 而冲动和欲望都是与消费主义相关的行为类型。因此，这类物品与优先事项的转变有关，这些优先事项对我们应付现代营销、冲动购买等影响是很有必要的。因此，这件人工制品的概念属性符合可持续发展原则，也符合更深刻的意义概念和幸福观念。

就其作为事物的定义，它的材料和生产方法都与本土化和地方特点密切相连、紧密呼应。尽管它的实际用途或许很边缘化，但它的关联性更多地代表着它的观念、生产过程和物质性。我们将它看成与优先事项转变相关的物体，并故意让它保持非常简单和本土化的状态，由此它代表了一种可持续性理想：

· 它的使用与体现可持续性价值观的发展紧密相关；

· 它给我们提供了雇用本地民众以及使用本地可用技术和资源的机会；

· 它的生产只需要很少的材料和能源资源；

· 它的使用不会产生不良浪费；

· 在它到达使用期限以后，能够很容易地回收到自然环境中，并且不会产生长期的危害性后果。

从这一层面上说，它具有象征意义。尽管在生产大多数其他物品时，很难达到这种可持续性，但是它给我们提供了一个何为完全可持续性功能性物品的例子。

另外，该物品的创造向我们展示了设计过程本身所具有的对知识做出贡献的能力。它很完美地例证了设计的实验过程是怎样让我们理解物品的概念内涵、设计和生产、最终制品的属性以及可持续原则的优先事项这几者之间的关系。在这个例子里，对地点契合性的考虑就凸显出来了，它能够拓宽和深化我们在已制成的功能性物品的语境中，对"本地"的理解。它不仅仅是在本地制造物品以实现工具价值的例子，例如，在本地创造就业、减轻交通压力，等等，也体现出性质、美学和文化上的差异。功能性物品从此不再是一件强加于某地的外来人工制品。相反，它是一件代表某地的人工制品，它的产生是通过在本地环境中，将各种元素进行细微重组后实现的，就像安迪·高兹沃斯（Andy Goldsworthy）或是理查德·朗（Richard Long）的艺术品，或是体现传统文化的乡土建筑，比如美国西南部的土坯房，沼泽阿拉伯人（Marsh Arabs）的芦苇屋，或者英格兰乡村的石屋。这些乡土形式以及那个"计数"物品，与创新、个人表达以及"引发轰动"没有关系。它们是一些安静、为人们熟知的形式，其基础是几个世纪的历史传统，以及人们长期以来为之作出贡献的过程。最终的人工制品被精心制作而成，并且在很多重要方面都很适合，它们在社会和自然环境中可以很有效地"工作"。

因此，对可持续性和可持续物品的性质来说，"本地"是一个很重要的设计因素。它有助于很多重要的外在因素的实现，比如减少环境影响、通过地方就业提供工作岗位以及带来经济效益。然而，它对于物品的内在性质和审美方面，以及生产该物品的文化所具有的性质和审美方面也有很大帮助。当我们的讨论聚焦于环境绩效指标和目的上时，这些内在因素通常会被忽略，但是，如果要改变我们的价值观和优先事项，并且要发展一种新型的与物质"商品"之间的文化关系时，这些因素就会变得至关重要。

6 柔性组合

适度移情的人工制品

有一种体验充满活力，其中所谓道德或精神的含义并非如其表面所示，而是如石头、河流或山岳一样直接的现实。

——查尔斯·泰勒（Charles Taylor）

现在我把早些时候介绍过的一些主题进行整合。在第2章中，我讨论了通过设计进行研究——一种创造性的、基于实践的、包括直觉和主观因素在内的探究形式。随后的讨论突出了关于意义和自我认知、场所及自然环境的观点，以及对可持续设计的更全面的阐释。这里出现的一点是，如果设计研究以及设计本身是要有效解决环境问题、社会问题和意义问题，它就需要超越政策制定者和研究者所青睐的以证据为基础的方法和思想上的争论。认知性知识只能为我们解决部分问题。设计应该比分析和理性方法做出更大贡献，因为设计的大部分与创造力和表现相关。设计的这些内在特征涉及想象、情感和审美经验。因此，为了开发出一种可称之"设计式"的方法来应对研究、可持续性、有意义物质文化的形成等问题，接受这些方面不仅是完全恰当的，它们所包含的内容更是绝对重要的。仅依靠工具理性和单一目的性不能实现这些发展，而需要依靠没有如此明显目的性的其他因素，例如美和美感经验、地方和文化适宜性以及对真和善的理解。

把这些引入我们的设计研究方法会带来一种相当不同的感受。在本章讨论中，它们带来以"柔性组合"为特点的提议。然而，没有人试图去发现或创造一个普遍适用的可持续设计公式。相反，这个过程依赖于地方特点，以及对该地点产生的特定移情式的欣赏。正如前一章所说明的，发展那种根植于本地的设计实践会带来一种视角，并进而带来以可持续性为目的的过程和物品。这里所说的"设计"指的仅仅是一个定义功能物品的过程，没有商业可行性、市场需求等含义。为了探索新的、更为根本的可持续发展方向，这种开放、灵活的运用还是比较合适的。

内在的发展成为理解这种可持续设计的关键基础，内在发展在过去曾被称为反思人生（examined life）、自我实现（self-realization）和精神发展（spiritual development）。这样的基础使得人性中对意义的追寻不断丰富设计的过程和成果，它有助于培育一种可以称为"适度移情"（disciplined empathy）的设计理念。[1] 泰勒强调了这一观点，他说有必要认识到一些比理性更深刻、更充实的东西，仅有理性很可能导致人类毁灭和环境破坏。[2]

因此，这里探讨的方法充分认识到设计具有的综合性本质，即致力于调和务实、功利需求和审美、情感需求。可持续设计的发展必须包含这两个迥异方面（表6.1）。

表6.1 设计研究的综合性本质

	分析 + 综合	
	推理 + 直觉	
	客观 + 主观	
工具价值	认知 + 表意	内在价值
	描述 + 想象	
	全局 + 局部	
	理性 + 感性	
	功能 + 意义	

这样的发展方向对意义有更深的认识，认为其超过和高于工具性标准。这些方向暗示了一种"正确态度"概念，这可能会带来新的优先事项，并导致视角的改变。反过来，这与当代批评号召彻底改变设计的过程和实践，[3] 以更加全面的方式看待设计的呼声产生了共鸣。[4, 5]

基于设计的方法必定是有创造性的、具体的，它具有不确定性和夸张性，同时也具有一定程度的争议性。这意味着设计产品可以被理解为能一直公开讨论和辩论的论据及看法的媒介。[6] 通过设计进行研究的特点以"设计过程"为关键因素，它于许多传统学术研究的不同之处在于，其重点不是关注或分析已经取得的或已经存在的事物，即它不是历史性的。虽然历史研究可能也扮演一定的角色，但主要关注点是如何设计事物，它具有的内在创造性，并非完全客观，当然也并非完全不可更改。此外，具有美学和独特性的设计案例关注具体的特质，而非抽象和概括。因此，这样的设计研究成果将是说明性的，而不是规定性的。可将它们理解为对进行中的争执和讨论的不连续的、有形的贡献；就其本身而论，此类设计工作主要关注的不是实用或经济上的可行性。

从这些方向中显现出关键的一点，即我们需要扩充解决可持续问题的方法，不只是在我们的实践中，更重要的是在我们的态度上。目前，大多数试图解决可持续问题的尝试都是被动反应的，这使得它们经常与当代行为、优先业务和政府工作计划产生冲突。结果，迈向更加可持续的生活模式的进展往往极其缓慢。

需要实现更为重要的转变，虽然这样的前景看似过于乐观，甚至不切实际，但学术界中的设计研究人员有能力探讨并说明，就设计什么和如何设计而言，这样的转变意味着什么。这类研究需要坚实的理论基础，需要对创造性设计过程的参与，需要有形物体的开发，以便将一般理论观点转化为明确具体的可供思考及讨论的命题。因此，基于实践的设计研究是一个从理论发展到概念设计、设计反思，再回到理论发展的迭代过程。这种方法非常适合解决所谓错综复杂、没有唯一正确答案的"棘手问题"。[7]

方法、法规、目标和道德争论

现在让我们简要回顾一下目前解决可持续问题的主要方式。考虑到这些不同的方法、法规、目标和道德争论的优点和缺点，一个关于设计潜在作用的更为清晰的观点被揭示出来。这一作用的意义将被探索，并通过简单的提案式物品加以说明。

方法：目前有许多方法和工具可帮助包括地方、区域和中央政府在内的公共部门和私营机构降低其活动的负面影响。[8]我在第4章曾提到过一些专门计划，如生命周期评估。此外，企业社会责任（CSR）政策帮助企业提升道德、经济和环境责任。虽然各个公司在细节上的差异较大，但大体上，企业社会责任与企业公民身份、可持续发展和企业对国内国际法规的遵从等几个方面相关。也有一些方法可以根据一系列指标来衡量可持续发展的进程，这些指标包括：[9]

· 环境问题（如能源使用、气体排放、水质）；

· 经济因素（如经济增长、生产率、投资）；

· 社会因素（如就业质量、社区参与、相对于国内生产总值的社会投资）。

这些计划、政策和方法通常是为了解决问题而制定，也是因为人们意识到追求商业利益、股东利润和经济增长常常与符合公共利益的更大诉求相冲突。

法规和目标：法规、目标和约束性承诺体现了对人类活动引发的问题或损害现象的特别反应。它们包括排放目标如《京都议定书》（Kyoto Protocol）[10]和欧盟废弃电气电子设备（WEEE）指令。[11]这些目标和控制手段以对一系列相互冲突问题的认知争论为基础，例如，一方面是能源密集、基于消费的生活方式，另一方面是由于温室气体排放引起的气候变化。这种建立在对立观点之上的争论倾向于鼓励被动式而非主动式的可持续应对方法。

道德争论：当道德争论支持大部分环境和社会问题的相关法规时，它就超越了单纯的合法性，从而唤起我们的良知，呼吁我们遵守社会确立的正确行为规范。可持续性通常就体现在这些方面。[12,13]人们提出，为了后代要减少我们的活动对环境的影响，[14]要保护自然栖息地，[15]为因社会差距遭受不公的人群改善条件。[16]道德争论一部分在法规框架内，必须被遵守和服从；一部分在法规框架外，成为良知和个人选择。同法规和目标一样，对我们道德责任感的呼吁通常也是以思想上的争论和理性分析的形式出现的，而这又建立在两类相对立的问题上，例如，一方面是成本低、购买得起的商品（与生活方式、消费、经济增长相关），另一方面是劳动剥削和社会不公。

复杂性和矛盾性

可持续问题复杂且涉及全球，这意味着尽管有道德争论和越来越多的方法、法规和目标的实现，但其进展仍因相抵触的优先事项而不断受挫。例如，政府倾向于支持可持续发展，但同时又通过消费主义鼓励经济增长。在赞同和支持可能促进可持续实践，并允许企业在公平的环境下竞争的国际协定方面，他们也表现欠佳。[17]同时，温室气体排放量继续增加。[18-20]此外，主张和支持道德争论往往十分困难，其原因包括：

· 环境变化是相对缓慢的、渐进的，而企业和政府面对的日常问题则更为迫切；

· 破坏性的开发往往发生在地理上远离我们的地方；

·我们的时代特色是多样性和相对主义，[21]这意味着道德争论的感召力或许没有曾经那么直接有力。

所以，出于财富创造和国民福利的正当理由，我们一方面鼓励生产率增长和消费增加；但另一方面，可持续性概念以适度消费和减少浪费为特点。为了实现可以消除这些冲突的根本性、永久性改变，我们需要转换视角，挑战我们高消费、极具破坏性的生活方式中的核心观念。

视角转换

在个人信念和重要性的深层意义上看待将变化锚定的潜力，这似乎是恰当的。人们将乐于寻求其行为和活动的外部必要变化，这些变化累积起来可能降低消费，减少浪费，放缓资源利用，改变生活方式。这些事项的内化将开始触及一些问题根源，而不是应对外部症状。

上文讨论的道德争论开始给我们指明获得这种内在动力的方向。我们最初可能只是因为社会压力才屈从于道德义务，但却能够在思想或理性的层面理解道德义务，并在此基础上接受它。一旦接受，道德义务就开始内化，到了这个程度，就开始影响我们如何思考和行动。即使如此，认识到这一点十分重要：我们严重依赖思想上的争论，这可能是当代令人不满的状况的一个方面。泰勒将现代社会的祛魅感（disenchantment）至少部分地归因于他所称为的"思想偏离"（intellectual deviation），它包括坚定的工具立场，并帮助二元观的产生。[22]汉弗莱斯（Humphreys）说思想"让心不安"。[23]这两位作家都认识到，还有一种意义概念，它超越我们获取知识的能力，超越以理性的点对点争论为特点的思想辩论；这些争论依靠的是对立和分裂，而不是协同与和谐。此外，无论我们追求思想上的争论、理性和知识到什么程度，它们都不能为体验生活的"意义"提供基础。[24,25]人生的重要性和意义要在别处才能找到。

尽管引入这些观点，但今天的文化气氛不适合沉思和探究意义。资本主义后期的市场体系不断鼓励贪婪和自私自利的思维模式，数字时代有大量增长的消遣、娱乐、广告和过度消费机会。所以，追求意义总是需要用自律来超越以自我为中心的偏见，在今天这或许是一个更大的挑战，可以说，现在比以往任何时候更加迫切需要自律。

适度移情

正如我在前一章提到的，几千年来，寻求意义所在是人性至关重要的一面，一直是哲学和宗教的主题。虽然它们的伟大传统可能差别甚多，但它们共同的道德教义都鼓励体谅、关怀他人乃至万物的外部行为。[26] 不过外部行为并非它们主要关注的对象，内在转化以及一种完全不同观点的发展——即视角转变才是。[27] 泰勒把它称为"充实感"（sense of fullness），这种感觉同我们对世界的一般感觉明显不同，它帮助指引生命，赋予生命意义。[28] 这种内在转化与我们的道德感密切相关，因为它既由为他人着想的外部行动引起，又引导着为他人着想的外部行动。反过来，这意味着脱离自我的转变——这种转变位于可持续问题的核心，对我们如何设计和生产物质文化具有重大影响。

引起自我实现和视角转变的教义及实践一直与世界宗教有关，也有一些哲学传统与我们通常所说的宗教观念有所不同，如古希腊[29,30]和中国的哲学传统，[31,32]此外还有当代关于灵性和终极意义的无神论阐释。[33]但重要的一点是无论信仰什么，我们都认为生命是具有道德和精神品格的。[34]而这种品格的培养需要自律，需要适应不过分自我和过度消耗的行为规范——看起来这两者既是真正追求自我认识和意义的必要条件，也是这种真正的追求所带来的结果。值得注意的是，人必须通过自觉理解或直接感知，从自身内部产生一种动力，去践行这一教义。[35]并且这种"反思人生"不是以思想上的争论为基础，[36-38]也不是出于它具有可以减少环境破坏或促使社会公正的作用而被追求，虽然遵从这样的理念自然而然会带来这些好处。

无从感受，唯有倾听。

13 世纪，鲁米·波斯（Rumi Persia）

在我们的工具理性时代，超越理性和推理的直觉认知方式并不太被信任。然而，它们是人类认识的重要组成部分，可以是系统性改变的重要方面。事实上，格拉德威尔（Gladwell）认为，我们时代的一个重大挑战是学习如何将理性的争论同直觉判断结合起来。[39] 如果说有哪种活动尤其需要这种结合，那就是设计，它将美学和实用、形式和功能、理性推理和直觉理解，以及非常理想化地，将生产率和意义融合在一起。

为了更好地认识我们的世界和我们自己，看起来我们要更加留心我们往往一闪而过的直觉领悟和判断，减少对宏大主题的关注；[40] 当然，可持续发展已经成为我们这个时代的宏大主题之一。因此，紧盯着高度复杂且定义不明的可持续概念，把它作为我们通过实施特别的方法或措施、或制定目标及法规来努力实现的目标，可能是既不明智又毫无效果的。将目标看得更加平常一些，更加与个人切身相关，更具个人挑战性似乎更重要。这需要我们养成追求自我认知，坚持道德生活并为他人着想的习惯；我们得知，这会带来更大的满足感，会遏制贪婪和欲望。显然，这将相应地带来与可持续发展更加密切的价值观和优先事项。

这样的方向开始重导我们看待问题的视角。可持续发展问题不再被视为来自思想争论所固有的二元论——如努力改善和提高我们的物质生活水平的同时也寻求保护自然环境；想要更多便利的同时也试图减少制造废物。以这样的方式看待问题只会延续前文讨论过的被动式思考方式，不可调和的对立仍然存在。相反，这种重新导向的视角提供了生长式的、积极的前进方向。这个视角把我们看作一个更大的整体中的一部分，我们追求与更大的整体相一致；它本质上是创造性的，[41] 是一条以适度移情为特征的路线。

设计的意义

人们试图把爵士乐当作理性法则进行分析，

这让我烦恼。

它不是。

它是一种感觉。

美国爵士钢琴家　比尔·艾文斯（Bill Evans）

当然，艺术家和设计师非常熟悉直觉认知方式。直觉是创造性行为的重要组成部分，是人类想象力的重要方面。直觉领悟可以突然发生，似乎不知从何而来。当一个特定的事件或创造性的问题在一段时间内占据着人的思绪时，潜在的解决方案通常就会突然出现，当时人们的心思可能完全在其他事情上。但这样的领悟是转瞬即逝、难以捕捉的，也许这就是为什么如此多的艺术家和设计师总是随身携带小笔记本的原因——以免忘掉灵感。

这种领悟，或者叫用眼观看，用心感受，提供了对整体的瞬时理解——一个对设计问题的完整解决方案。它们是综合的、全面的，是我们想象力的一个关键特征。它们也与意义概念和精神发展密切相关。这种直觉"顿悟"是佛教禅宗很久以来就认可的，其玄秘的公案或偈语（如一只手的拍手声）旨在故意扰乱思维和理性，激发突如其来的直觉领悟，从而超越思维和理性。[42]事实上，佛教禅宗是众所周知的顿悟宗教。[43]同样，贝蒂（Beatty）谈到"刹那"间出现、又容易被遗忘的精神领悟。在此，我们认为创造力非常依赖以新的方式看待世界，与短暂的、直觉的、全面的思维模式密切相关。

看起来意义概念也与美学相关。来自"内省"（inner path）的创造性活动和生活方式往往具有某些典型的品质和外在。外部表现不只是选择、时尚或跟风问题，而是根植于并代表着坚定的信仰、价值观和意义。例如，东方佛教和西方天主教隐形团体的生活方式一向是简单平淡的。[45, 46]这种简朴之美在17世纪日本大师松尾芭蕉（Basho）[47]的俳句诗及美国当代作曲家菲利普·格拉斯（Philip Glass）[48]的极简音乐中表现明显——两种艺术都被精神传统所影响。

当然，不能保证对直觉认知方式的更深认可将为我们指出更有成效的方向。然而，如果我们：

· 自律、严谨、参与建设性辩论；

· 确保以道德考量和对意义及目的的更广泛理解来指引我们的活动；

· 用客观、理性的决策来完善直觉方法——这也是设计研究的一个必要环节。那么直觉认知方式就可以加深我们对可持续设计的理解。此外，我们可以称之为精神感知的表达、人工制品和生活模式，如上文提到的例子，为创造出比目前做法更有意义、破坏更小的方法带来领悟。这些美学上的朴素表达象征着本质上尊重他人及世界的思考和认知方式。它们的朴实源自一种所有伟大智慧传统共有的精神——促使人们寻求内心喜悦而不是世俗快乐的精神。看来，按照最悠久的哲学和精神传统，通往智慧、内心满足和真正快乐之路，具有一致的教义：适度移情、节制和慈悲，它们反对恣意挥霍和浪费——不只是因为它们对世界产生破坏性影响，还因为它们让我们偏离内省的、有意义的生活。世界上许多土著民族的古代文化和传统智慧都倡导类似理念。[49]

人类认知遗产可以使我们从一个些许不同的角度看待我们当前的活动，这可能会引发新的态度——所以我们乐于通过减少需求、索取、破坏和开发来降低消费。在这个过程中我们会更好地体会一个特定地区，以及整个世界可以轻松地出产什么。

当然，从自然环境中索取是我们生存所必需的，无法避免。问题不是停止索取，而是克制我们的行为——不恣意索取，而是带着更多的考虑和尊重去索取。

柔性组合：适度移情的人工制品

若你为我筑一座石坛，

勿用雕琢的石头，

只因你若用工具打磨，

便会将石坛辱没。

出埃及记（*Exodus*）20:25

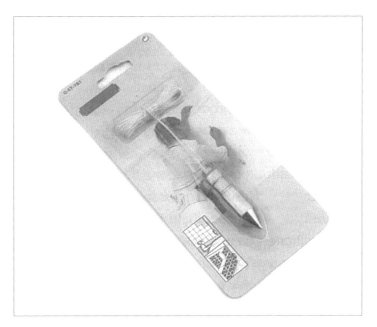

图 6.1
批量生产的包装好的铅垂线

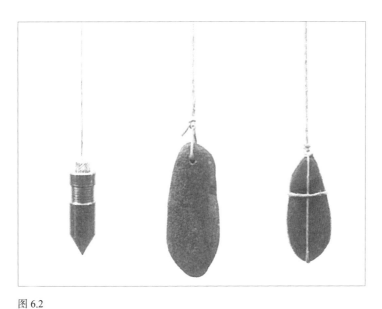

图 6.2
各种铅垂线
（a）钢 / 漂白棉线　　（b）钻孔的石头 / 麻绳　　（c）系绳的石头 / 麻绳

为了说明这种思想转变如何影响设计决策，让我们先来看一个非常简单的功能物品。回想一下章节 1 里的例子：铅垂线。这种批量生产的基本工具可以在本地任何一家五金店里买到。对这个产品设计的思考揭示了在当代社会我们倾向于如何看待功能物品，这里提出的问题可以扩展到更加复杂的产品——从家具到厨房电器再到电脑。

通常，铅垂线在销售时是被预先包装好的产品（图 6.1）。铅垂线由不锈钢车削制成，滚花螺杆上固定着扭成一股的漂白棉线（图 6.2a）。在销售时，产品的展示包装包括一张印好的卡片和一个气泡包装袋。使这样的产品在货架上整装待售需要大规模的生产和货运系统——铁矿开采、散装运输、电弧炉、熔炼浇铸、车削和机床装备以及硬化钢切割工具的制造。产品包装需要以伐木为基础的造浆制纸，也需要油井开采、管道铺设和石油提炼，以得到透明的塑料气泡袋；将产品交付到商店所用的卡车和装货箱、各个环节所需的发电站和能源资源就更不用说了。因此我们看到，即使这样一个基本的产品都代表了常常对可持续问题不在意的大规模的工业综合体。

正如我们所看到的，还可以有别的办法——用一块精选的河石和一段有机麻线制作铅垂线（图 6.2b）。这种就地取材的解决办法不需要包装或货运，不再需要时就可以将物品丢弃，几乎没有有害影响——因为这两种材料是天然的。然而，即使在这里，里面内含的假设也很少被人想到，只有在我们更近距离地关注我们的行为细节时，它才得以显现出来。在这个例子中，绳子从石头上的钻孔穿过。虽然钻孔很小，但还是破坏或侵犯了天然的石头——所以当它最终回归自然环境时还是被损毁了。更重要的，钻这个孔需要钨合金钻头和电钻。电钻需要电量供应，供电意味着电网、配电、电缆塔、电站、能源使用、采矿、运输以及污染等。和批量生产的预包装铅垂线相比，虽然这种方式可能几乎没有破坏性效应，但还是具有相当大的影响。

还有另一种不需要电动工具，因而不需考虑其所有影响的解决办法。可以用绳子把石头简单地捆系起来（图 6.2c）。这样，石头没有被破坏，能源消耗最少，不再需要时这些材料回归于自然环境，不产生有害影响。

显而易见，这一原始物品没有打算成为商业上可行的设计。然而，它是一个非常耐用且实用的工具。它的出现来自对我们行为的本质、行为背后的设想及其影响的考虑。如此关注后会发现，人工制品的基本原理能体现出人类思维方式，这种方式的特点一方面是欠缺考虑的、浪费的、破坏性的，另一方面是移情的、适度的、建设性的。值得注意的是，图 6.2c 中显示的物品不是我们一般认为的"产品"。相反，随手可得的材料只是被临时地、不牢靠地系在一起，成为一个有用但是寿命不长的工具。可以将它看作由适度移情产生的柔性组合。它来自对实用的人工制品、人类需求、人类意义以及对自然环境的情感等方面的考虑，而这样的考虑最终也是人类关注的问题。将它简单地定义为工具，必然要求直觉的、主观的决策，这些决策是以人工制品的性质及其特定的表现形式为中心的，同时，也必须依据物品所具备的功能更加理性、客观地决策。创造性设计过程总是将这两种认知方式结合起来，这意味着总是有无限种可能的结果。一些结果将比其他结果更合适，但绝没有一个唯一"正确的"解决方案。此外，当设计的主观、直觉因素对人及地球产生移情——正如环境研究所发现的，以及"内省发展"所鼓励的那样，对于功能物品的理解就会更具整体视野而破坏性更小。

图 6.3
"简化灯"
9 伏电池、铜线、手电筒灯泡

图 6.4
"桶椅"
镀锌桶、松木板、丝绸、橡胶

图 6.5
"音乐盒"
便携式 MP3 扬声器——纸板盒、
电线、重复利用的电脑扬声器

如果要为我们的物质文化设计和发展创造一个更加可持续的叙事方式，那么铅垂线的基本性质可帮助我们将讨论集中于所需的思维转变。它凸显了功能物品时下商品化的概念和更具移情性的提案之间的差别——这两者在人工制品本身与影响上都不相同。

然而，这一建立在适度移情理念之上、适当组合的设计方法也能被应用于更加复杂的物体。它能带来可在本地实现的新结合：

·节约利用资源，创造功用和美感；

·将现有物品与新部件结合；

·受益于新技术的同时，也负责任地利用仍然有用的部件，而那些部件现在常常被丢弃；

·反映本地文化和个人需求、品位（见第 3 章）。

这里还包括三个进一步说明问题的例子，它们从建成环境的内部产生，而不是如铅垂线一样从自然环境中产生。这样的人工制品在概念上同产品设计领域解决可持续问题的一般方法非常不同。它们不仅倾向于强调与能源消耗相关的材料使用和技术变革，而且，它们的这种做法是在设计的现有表达范式内进行的。这里，一种不同的感觉显而易见：对可持续性和意义的理解体现在物品的概念和美学基础中，与其不可分割。

在之前探索的基础上，[50] 这些人工制品将新部件与旧的、在本地可以找到的低值部件结合起来，创造临时的功能组合：

·"简化灯"（图 6.3）通过极简照明概念揭示了我们对一次性电池的大量使用。

·"桶椅"（图 6.4）用平凡的材料追求简单的优雅。由安放在橡胶垫上的镀锌桶和松木板做成。桶上放置丝绸垫子，木板靠在墙上成为椅背。

·"音乐盒"（图 6.5）用重复利用的纸板盒子做外框，将新 MP3 播放器和旧电脑扬声器组合在一起。

利用现有的人工制品，为将被丢弃的物品找到新的用途，借此实现新的功能价值。这种方式很少使用或根本不用原生资源，对能源利用方式或特殊设备的要求很小，也很少产生或根本不产生废物。这种探索力求寻找对功能物品更适度的，也许更有意义的理解——功能物品可以同时从批量生产和本地独有的创造性表现中获益。

这些物品在理论理解的迭代过程中被创造，这个过程与可持续、本土化以及它们和就业、赋权、自我认识和意义的关系相联系。这些设计提案和前面几章的例子有助于更好地理解和评价功能物品的起源及影响。那些以美学上可接受的方式将老旧物品重现的设计，开创了一种更加持久、但又不断发展的物品文化的可能性。通过永恒而又不断变化的存在，这些物品能够成为值得我们爱惜的、与意义和记忆相关联的珍贵财产。

因此，这样的人工制品指示了一种比传统设计方法更具有全局观念和更加可持续的发展方向。这一方向寻求将人类认知中更为深刻的方面包括在设计过程之内，并产生在分类上更加模糊的设计成果。它们被构想为对可持续问题产生移情的短暂适当组合，既非批量生产也非工艺品，既不是理性工具也不是艺术。20 世纪初期手工艺与工业设计分离，这种分离随后造成了破坏性的影响，也许是时候考虑将它们以这样的方式重新整合：再次更加重视直觉、隐性的认知，更加重视长久形成的对人类意义和目的的理解。

7　幻想的物化

设计、意义与后消费主义物品

　　在这个真实而复杂的世界面前，孩子只能将自己看作拥有者、使用者，而非创造者；他没有创造这个世界，他使用这个世界；为他准备好的是没有冒险、没有奇迹、没有欢乐的活动。

——罗兰·巴特（Roland Barthes）

尽管有越来越多的证据和可信的科学型论据呼吁改变，但近几十年来，制造业了的发展仍令人担忧。全球市场设计和批量生产的越来越多的短寿命、高耗能电子产品造成巨大的环境和社会损失。这些产品大部分不可维修，几乎是一次性的，它们的昙花一现表明，作为物品，它们几乎没有持久的价值。

在本章中，我着眼于这些商品的设计相关方面，简要讨论它们的工具性价值、它们的社会、经济和社会定位功能，以及它们的相关影响和意义。不过，除了这些广泛的、相当熟悉的问题，如果我们想更好地理解这些设备在当代社会获得的非常突出的地位，如果我们想确定更体贴、亲切、有意义的设计方向，似乎还需要考虑"更多方面"。

作为对这些问题的最初反应，一个简单的概念性物品被创造出来，以概括当代批判的各个方面。它可以被称为"后消费主义的"非功能性电子物品。在这里，消费主义这个术语既指对购物的沉迷，也指认为商品生产和消费的持续增长从经济角度来说是可取的这一观点。正如在第 6 章所讨论的，后消费主义这一具有反思性概念代表优先级的重要转变，是对"巨变"的一种解释。这个物品提供了一个思考焦点，即考虑当前的电子商品、它们的重要性以及它们的影响，以此帮助我们理解上文提及的"更多方面"。这个物品的产生进一步激发我们探究在概念性设计中对科技、环境经济及发展的哲学批判，并将电子消费商品置于更广泛的理解语境中。如果我们想更加富有建设性地解读设计并确定新的设计方向，这样的语境是基本的要求。[1]

电子消费产品

电子消费品包含一系列产品，它们在富裕国家已普遍存在，在发展中国家也变得越来越普遍。除了手机、随身听、娱乐设备和数码相机，电子消费品还包括笔记本电脑、打印机、闪盘和其他周边产品。

这些技术复杂的产品的一个特点是它们的使用寿命相对短暂。在全球，这类产品的使用寿命从四年到八年不等，[2] 在较富裕国家，它们的使用寿命可能不到两年。[3] 另外，所有这些产品都需要电源，通常情况下采用电池形式来实现，其中有些是可充电的，而其他是一次性的。

就这些商品带来的好处而言，它们都有某种工具性价值，也就是说它们是达到某种目的的手段。笔记本电脑和手机还具有社会价值，它们使我们能与家人、朋友和同事交流。尤其是笔记本电脑带来许多工具性和社会性好处，它们提供各种应用程序，通过互联网给我们提供各种机会。它们的生产、分销和使用还有社会价值，能创造就业机会，促进事业发展。与此相关，它们的经济价值不仅在生产中，而且也会在使用过程中体现出来；它们为公司、个人，更广泛地说，为社会带来财富创造机会。此外，对于某些人而言，某种社会定位或身份价值也与拥有最新的手机或电视游戏机密切相关。电子产品可能还有其他价值，比如审美价值，不过上文提到的这些价值与当前的讨论更为相关。

工具、社会、经济以及社会定位等属性一直与物质商品有关联，概括地讲，与人造环境有关联。[4, 5] 正如我在其他地方所讨论的，[6] 服装、珠宝、家具及交通工具的形式都可以具有社会定位含义，传统咖啡馆和酒吧有助于促进社会互动和交流。然而现今，我们在自己的时代有特定要考虑的问题，即与电子消费品相关的问题。

经济动机刺激产生的高效率科技进步必然使电子消费品很快过时。这种情况发生时，整个产品常常被丢弃或被取代，而不是只升级几个特殊元件。这种做法暴露了人类对资源的过度使用，导致产生垃圾的产生，并证实了目前系统在产品设计、生产和分销过程中特有的优先级和态度。正如在第 6 章所讨论的，尽管人们试图限制这种做法，这些产品的生产和处理依然会有许多破坏性后果。在有廉价劳动力的贫穷国家，安全和健康标准往往被忽视，恶劣的工作条件常常被揭露出来，[7-9] 其中从旧电路板中回收贵重金属的工作会在对人体有严重危害的环境中进行，[10] 同时，会产生各种环境影响。这些产品的处理每年造成数百万吨有毒的电子废弃物，即"电子垃圾"，这些废弃物常常被非法倾倒到较贫穷国家。[11]

因此，当代电子产品既带来很多好处，也产生大量有害影响。毫无疑问，我们可以有力地论证这些产品的好处能继续被开发和扩大，假以时日，通过运用更先进、更有效的科技，工作条件会改善，环境影响会减少。然而，这种论证似乎仍有某些因素未考虑到。

更多方面？

为了更全面地诠释物质文化，我们需要考虑一些超出效用、技术进步和工具性论据的问题，甚至超过这些论据滋生出的关于社会福祉的狭隘定义。这些其他考虑因素更难被准确描述，不过它们和真正的"重要事项"有着联系。在电子产品为完成很多公认的理想目标提供了手段的同时，我们也必须要认识到，与这些产品有关的过程本身也能被视为目标。生产、使用及回收它们的途径都能够以它们自己的方式作出贡献。首先，对所有参与其中的人的生活质量有所帮助；其次，对关爱自然环境有所裨益；此外，社会中人造产品的积累可以从文化和审美上丰富我们的自然环境。我们当前展现的电子商品做不到这一点，因为除了实用价值之外，它们几乎没有作为物品的固有价值，结果当新型号问世时，它们就被丢弃、被取代。

这就提出了一个问题：我们说的"生活质量"是什么意思，它远不同于"生活水平"。后者暗指物质享受和经济安定，而前者是一个更全面的概念，包含个人、社会、文化、环境及精神因素，如人生中的意义感、认同感、平静感和幸福感。当我们将这些与当代电子消费品联系起来考虑时，矛盾和冲突便出现了，新问题也产生了。例如，如果我们的很大一部分物质文化被全球化、同质化，失去了特殊文化意义和表达，而且，其生产方式对环境有害，往往是不道德的，这对文化和个人身份有什么影响？一次性产品越来越多，产品寿命越来越短暂，这部分物质文化有什么意义？与物质事物及人的个人和情感生活有关的一种价值是情感价值，[12] 但这在如此短暂的物质文化中未必有太大关系。另外，当我们考虑这些产品的许多使用方式时，我们发现它们容易造成有转移和分散关注力作用的情况和环境。[13] 这种产品常常不利于反思性的思考和生活方式。手机、电子邮件和短信经常打断谈话，干扰思路，破坏安静氛围。相比于那些有助于我们理解、学习并思考的更深思熟虑、更沉思默想的方式，互联网超文本体系尽管带来诸多好处，但仍可能会导致与信息之间出现一种相当狂热的、不连贯的、摘要式的关系。正是这类问题和想法，以及它们与对于意义的理解的明显关系，使我产生了最初的设计想法作为回应。

设计回应 I

在工业设计领域，概念性物品常常被创造出来以探索设计方向，验证可能性。它们通常被看作一段路程中的脚步，这段路程最终带来更精细的、潜在可行的设计成果。在设计研究中，概念性物品有相当不同的作用。在更广泛的探索领域里，它不是获取最终设计方案道路上迈出的一步，而是一个元素，其本身就是完整的。然而，在商业设计和设计研究两方面，这种物品的探索性意味着，任何个例都可以合理地保持在相当天然的、未经加工的水平——它们的目的常常是使未解决的想法迅速显现、视觉化，激发进一步思考。

在我自己的实践中，概念性物品被用来探索和表达想法，在持续的学术探究过程中提供一个思考焦点。它们占据了一个不同于商业设计实践的位置，因为从本质上讲，它们是在批判它[14]——其角色完全符合不断发展的、对实践型研究的定义。[15]

创造的过程可以采取很多形式——人们可以从一组清晰的意图和标准开始，或者从一个相当模糊的概念着手，使创造过程本身能够结合、巩固并阐明自己的想法。尤其在后一种形式中，设计过程本身会成为一个重要的原初探究元素。创造过程使我们能够凭借直觉、主观、印象及情感去发展和表达想法，通过材料、形式和细节使我们对审美体验反应更加敏感。此外，即使最终物体没有完全或充分地表达人们大脑里的想法，但正是其不充分性激发了后续探究。就这样，概念性物体可以成为探索和表达想法的一种强有力的、恰当的手段。

作为本研究的一部分，一个概念性电子物品被创造出来，名为"科技罐头"（图7.1）。设计者有意使其呈现出未经雕琢的粗犷姿态，在两块原石之间的空间里，展现了一个电子产品的特征。这一创意旨在描述为电子产品"设计"外壳这一理念——博格

图 7.1

"科技罐头"

概念性物体

曼（Borgmann）称之为产品的"商品性"[16]那两块石头表达的想法是所有电子产品都是从自然环境资源中产生的。它为我们反思电子商品、工业设计师的作用以及两者在当代可持续性和意义方面思考的不充分提供了一个有形的焦点。创造这样一个物体时，抽象的、理论性的想法以一种特殊的形式具体化。相比于用传统论据可能达成的效果，这个过程产生的结果更具感官效应，因为设计像其他视觉艺术一样为的是整体性传达，物体应该以整体面貌被观看。

在这个例子中，尽管其展现出电子产品的某些特点，但它并没有实际用途。它被构思成想象中的未来对当代电子消费品的一个"纪念物"，未来是后消费主义时代，那时我们的优先考虑事项和关注对象已经发生了改变，这种改变可能出于我们自己的意愿，也可能是因为危害性后果让我们别无选择。这种设计不以市场为导向，而是对一系列当代问题的回应。邓恩（Dunne）和拉比（Raby）用"批判式设计"一词来形容此类探索——与未来的、虚构的情境及产品有关，这样的产品不一定刺激人的购买欲，但很容易起到警示作用。[17, 18]

因此，"科技罐头"可以被视为一个无功能的提示物，让人想起当前这个时期，我们创造了对社会和环境有害、十分短暂、一次性形式的物质文化。它象征着我们尝试通过"未来的眼睛"看清这点，认识到这些不可持续的、常常不道德的做法在人类发展中是相当怪异的失常——被物化的幻想。在探究中，它为我们探索一个替代性的、更良性的、丰富的方向提供了基础。这一基础有可能克服产品外观的缺陷，产品外观常常妨碍与事物之间更全面和更吸引人的互动。它依据的未来的后消费主义观点暗指可持续性问题不可避免的影响。也就是说，如果我们当前生产、消费、丢弃及取代商品的方式"不可持续"，像越来越多的证据似乎在显示的那样，那么我们显然必须改变我们的方法。这样的前景不仅仅只是推测。有很多迹象表明维持我们消费生活方式的支撑是脆弱的，我们的工作和生活方式、学术思考和教育已经在发生改变。此外，"科技罐头"影射了意义问题和怀疑——当涉及这些更深层的问题时，我们当前对消费品尤其是电子产品的概念从某种程度上显得空洞、不充分，尽管它们包含巧妙的技术。

生活和工作方式的渐进式变化

各种迹象表明，我们现在的消费型生活方式开始走上正轨了。尽管到目前为止，与问题的重要性相比，这些迹象相对较不明显，但它们似乎标志着改变和适应的开始。当更多国家尝试实现富裕的、能源依赖型国家已享有多年的物质水平时，对有限的、越来越难获得的资源的需求上升了。结果，物价上涨，生活方式受到影响。油价在21世纪第一个十年急剧飙升，这一情况所引起的行为和做法的改变预示了一个整体性的变化轨迹。表7.1列举了一些例子，其中许多例子既有环境效益，也有社会效益。

另外，高消费生活方式使得人们对公共服务和公共资金的需求日益增加。只能采取应对措施，设法约束期望、促进改变，表7.2列举了一些例子。

表 7.1　与油价飙升相关的变化

与油价飙升相关的变化
大型私人汽车包括四轮驱动汽车的生产减少 对更经济实惠的小型汽车的需求上升。[19]
宾夕法尼亚警察减少汽车使用，增加自行车和步行巡逻队 驾车警官被告知当车静止时不要运行空调，而是把车停在阴凉处。在佐治亚，超速罚款费增加以支付警察追捕违法者时产生的额外燃油费。[20]
工厂开始搬迁至离市场更近的地方 特斯拉汽车公司原本想在泰国生产其电动汽车电池，后来将生产转移到靠近其主要生产和消费基地的加利福尼亚，减少了 8000 千米的远程并降低了相关成本。瑞典公司宜家家居在美国开设了其第一家工厂，避免了从海外运送产品的成本。一些电子公司原来从墨西哥搬到中国，想通过支付更低工资来降低生产成本，现在它们开始搬回离美国市场更近的地方以降低交通成本。[21]
集装箱船开始减速以节省燃料 将一个货物集装箱从中国运到美国的成本从十年前的 3000 美元增加到 8000 美元。[21]
由于依赖空／路运，食品价格上涨 这导致供其他商品和服务的可支配收入减少，[22] 影响消费主义。高货运成本还会导致更多的本地食物种植，减少燃料使用和相关环境破坏，创造更多的、新的本地经济机会，带来相关社会效益。

表 7.2　与高消费生活方式相关的变化

与高消费生活方式相关的变化
城市交通拥堵收费 2003 年起在伦敦实行，后来考虑在曼彻斯特实行，这是为了治理开车通勤引起的问题，而开车通勤关系到我们拥有汽车的愿望或能力，进而影响我们的消费生活方式。如果将这种收费收入投入公共交通中，开车通勤给环境带来的整体影响会减少，而且可能会有社会效益；当人们乘坐公交车和火车时，通勤成为一种集体性而非个体性活动，需要大家相互包容、相互体谅。
道路收费和通行费 这些也是降低交通拥堵的潜在方法，世界各地现在实施的交通收费各式各样。在英国，由于经济水平较高，加上高人口密度和不太便利、不健全或昂贵的公共交通系统，交通拥堵现象严重。卡车运送货物加重交通拥堵和道路恶化。交通拥堵造成严重的经济、社会和环境损失，因此，让公共交通有效运行、实行管理有序的措施和减少道路使用变得越来越重要。
公共交通 在欧盟，为了减少温室气体排放量、提高能源效率，人们呼吁加大对公共交通的投入。[23]
废物和垃圾 与消费相关问题的体现包括城市禁止使用塑料包装袋，[24] 限制每个家庭的垃圾丢弃量。[25]

尽管存在各种迹象和许多严重的社会及环境影响，我们当前的生产和消费系统依然根深蒂固，依然是创造财富的主要手段。企业管理者和政治领袖仍然在颂扬消费主义和发展带来的好处，结果，资源和化石燃料的使用量以及温室气体的排量继续攀升。[26, 27]

系统性转变

在处理这些问题时，尤其是那些与环境恶化相关的问题，过分依赖科技解决方案是不明智的——这么做常常会制造更严重的问题。[28] 这个实现可持续性的方法只是现代主义思维模式的延续。戴维森（Davison）称之为"生态现代主义"；它不代表任何明显的思想改变，而只是不受约束的科技发展的延续。[29] 正如之前的章节所言，需要更为根本性的改变。而且，这种改变的总的方向可以从代表各种学科和爱好的创造者那里获取。例如，杨（Young）[30] 这样描述我们的时代：理性、逻辑和科学已经脱离基于道德和价值观的思考。他认为，为了更具可持续性的发展、社会包容和平等，人类发展的下一阶段应该试着弥合这种分离。沙克拉（Thackara）[31] 赞成在市场的组织形式、交通方式及我们的生活和工作方式中重大结构性变化的发生。马修斯（Mathews）[32] 认为，鉴于现代生活方式被视为物质主义，人类发展的下一个潜在阶段可能是后物质主义，代表了向更全面、更生态、更具精神价值的方式上转变。此外，罗德威尔（Rodwell）[33] 提出，当前的可持续性目标依然非常物质化，不包含更深层次的对意义的理解，不关注精神层面。

因此，大量工作正在产生，预示着系统性改变的必要性。概念性物体"科技罐头"预示了这种转变，即本文所指的后消费主义时代，象征了理解方式、优先级和价值观发生的重大改变。

电子物体的作用和意义

在我们生活的时代，经验主义、功利主义和工具理性地位显著，这种现代社会的遗留传统仍然是我们思考和行为方式的主要部分。然而，马修斯认为，对现代性的定义与其说是通过其对工具理性的坚持，不如说是通过其对唯物主义（一种基于客观证据的、实证的哲学立场）的强调。她认为，由于以对唯物主义的理解为基础的科学方法注重实证，它的研究"注定"只揭示那些在物质中看得见的现实，因此，根据定义，看不见的非物质现实维度不能用这种方法加以辨别。她用事实证明，现代社会理性的工具化不是抽象知识而是经验主义的发展，伴随对现实唯物主义解释的假设。然而，一旦对唯物主义的假设受到质疑，就没有本质上具有理性工具性的事物。根据这个论点，现代对现实的看法造成对理性的理解受到约束，而以物质进步和实用性为主。

这样的论述对于我们理解电子产品在当代社会的地位和作用来说是绝对必要的。首先，科学研究力图不断加深我们对看得见的物质世界的了解。其次，工具性思维导致我们加深了解的是有功利价值的科技。再次，我们的经济和市场体制力图发展那些针对大众市场的科技。正如第 5 章所言，这些活动基于的观念是，包括物质进步在内的进步，是当代主要的有关"意义"的概念。

基于这一点，如果我们考虑新的电子产品是如何被推出的，我们要看到有很多是由假设的改进和创新组成。例如，设备的屏幕分辨率比之前的产品高，屏幕相对较大，产品比竞争品更薄。[34] 这样的属性常常被大力宣传。公司挑选话语推广这些产品，说明一个小的电子产品实际上是怎样对人类进步事业做出贡献的，在现代理解方式中，这是一件本质上有意义的事。因此，这种设备可以被视为对意义的现代诠释。[35]

意义和目的问题对当代理解科技和消费主义至关重要。博格曼认为，在科技自由和其可以创造的财富的表面之下，有一种"囚禁和剥夺"感，他还认为科技哲学应该处理真正重要的事情，他将其与意义的精神来源联系起来。[36] 伊纳亚图拉（Inayatullah）认为，精神性应该是我们理解可持续性的一个附加元素。[37] 不足为奇的是，这些更深层次的关于意义的问题，与历史上各个社会中确立已久的理解完全符合。[38] 然而，从哲学上讲，现代唯物主义与这些传统不相容。当前的可持续性方法可能包括环境和道德的考虑，但是在现存的生产—消费模式中，它们在极大程度上保持在实用主义水平。

从上文，我们看到许多学科的观点指向更为根本性的改变，承认人类意义更深层次的概念。这样一个方向有潜力实现对可持续性更有力的、更经得起时间考验的理解。

意义、可持续性及电子产品的设计

正如我们已经看到的那样，当前的产品设计和生产方法与增长密切相关。考虑到自然资源的有限性，这种联系本质上与可持续性概念不兼容。作为替代的办法，戴利（Daly）[39]提出"稳态经济"（steady-state economy）。这种经济的优先考虑事项必然与增长模式的优先考虑事项迥然不同，对设计、生产和用后的处理有重要影响。相对于产量，它更看重质量的提升和完满程度。产品耐久性及保养和修理变得重要起来，保养和修理转而会为本地带来就业机会。这完全符合对科技的哲学反思，认为环境方法应该：a）通过使用耐久的形状和材料提高产品使用寿命，b）完善产品支持和维修服务。[40] 而这与检验产品的情感耐久性一致，符合其与可持续性的关系。[41]

虽然这些观点强调重要的新的设计重点，更加注重本土化和服务提供，但它们没有进一步让我们了解科技物体与更深刻地理解意义及人类目的之间的关系。对可持续性设计的讨论正是在此处出现了明显的缺口。

博格曼处理这种缺口的方式特别恰当。他把对我们有参与度要求的某个"事物"与提供功能好处但对我们参与度要求极少的某个"设施"区别开来。他认为这种设施妨碍有意义的生活，因为这种探索的"答案"是通过科技提供的。[42] 他认为这种想法可以促成一种新兴的观念——科技的承诺和好处都没有意义。[43] 他描述了一个科技产品的两种模式，即"参阅"（reference）和"呈现"（presence）。参阅模式可以激起无尽的好奇、研究和分析，引起不安定性，而呈现模式可以唤起赞美和欣赏，带来平静和肯定。然而，提供功能性好处导致了所有的重要参与机会被剥夺，这意味着呈现模式被封闭在了科技设备中。[44] 为了克服这一不足，新的设计重点必须考虑到更大程度的介入、认识和对产品的理解，与此同时还有平静的欣赏。

可调陶瓷片空间加热器（人们可以像开篝火会一样聚在周围）和发条式收音机是科技产品的两个例子，有些人认为它们引人注意，引起我们的参与。[45] 然而，与壁炉不同，电暖气在我们留意和不留意的情况下都可以运行。收音机内的手摇发电机可以替代电池或供电系统充当电源，当必须要用某种电源，且具体选择的电源会对环境有特定影响时，这些东西没有一个是收听广播的基本要素。因此，在这两个例子中，"参与"的性质在很大程度上是对产品主要用途的补充。

对于培养一种更为恰当的参与方式，范欣特（van Hinte）提出应该实现更大程度的功能明确性，他的观点指出了一条进步的道路。[46] 以美观且功能明确为目的设计的科技产品会有很多优点。如果它的用途、使用方式、各种元件的作用及可能被取代或升级的方式简单易懂，它可能能够实现更深层次的"呈现"感——不仅因为人们可能认为它美观，还因为在其物体状态、运作及使用时：

·它传达出零部件组装与功能好处（即使使用者不能很好地理解实现那种好处的科学概念）之间的因果关系，科技产品可能经常这样；

·它表现了人类通过好奇心和研究追求进步的聪明才智；

·另外它通过"神奇"的电磁波传输、微电子等揭示了提供这种功能时对自然资源的利用。

如果我们想更有意义地演绎科技，这些考虑因素就变得至关重要，尽管当前以市场为导向的产品解决方案几乎没有体现这种优先性，而且目前只有相对较少的设计者在处理这种问题。邓恩和拉比是例外，虽然可持续性不是他们工作的重点，但是他们的电子物品讨论社会、政治和文化问题，是对体现价值观和引起反思的思索性尝试。[47]

一个旨在揭示而非掩盖那些作为一个事物必需元素的科技产品，可能能够使所有以上方面被承认、重视和欣赏。此外，如果产品在使用过程中需要我们关注和参与，它会将事物的参照模式和呈现模式结合起来，并加以显现。

设计回应 II

为了获取拥有这些属性的事物，一个简单的科技产品"透明收音机"（图7.2）被创造出来。它的表现形式是，把单个组件暴露在纯白色背景上，而不是把它们包裹在产品外壳里。它不需要电池或其他内部电源，它的典型使用特点是，信号接收能力非常差，需要专注、留意和参与。设计取消所有人为设置的外观，它的视觉特征完全取决于其功能组件的形状、颜色和组装形式。设计以这种方式避免了风格式的"外壳"或包装，因为这样的包装容易妨碍我们对产品进行更全面的理解。它还呼吁更多"参与"的、更有意义的产品的观点相一致。由于它的使用需要专注，符合让我们摆脱分心和"多重任务"，鼓励单点关注的精神导向，这是内在发展的一个重要方面。[48]

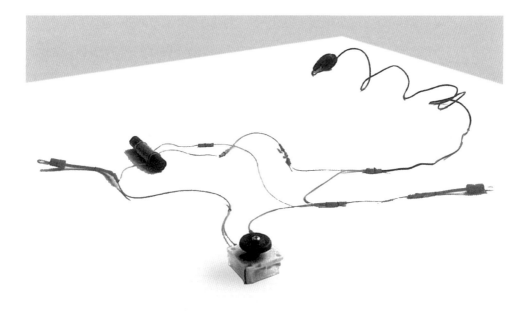

图7.2

"透明收音机"

概念性物体

从本质上讲，这个物体与"科技罐头"相反。它没有模糊的外观，而将组件放置在一个简单的平板上。它是开放式的，有功能性和目的性，它的使用需要关注和参与。对于如何以我们的电子产品设计方法使可持续性和个人意义的重点具体化，它只不过是一个建议。显然，它不足以算作一个可供日常使用的实用产品，不过它的本意也并非如此。准确地说，它代表了指向某一特定方向的综合想法。虽然这些想法之间有许多相互联系，但可以概括如下：

·**环境因素**：与注塑外壳不同，简单平板可以在本地创造。可以在当地更换大批量生产的单个组件以维修或升级，而不是替换整个物体。不需要电池或其他内部电源。

·**社会因素**：某些零部件和各种服务（可能包括设计、制作、维修、升级、再制造和再利用）的本土制造提供了符合地方就业和环境标准的工作机会。

·**经济因素**：通过将社会、环境、健康和安全考虑因素与本土制造和再制造的成本相结合，产品的价格与它们的实际成本会更一致。如我在第2章所指出，这些考虑因素常常被视为"外部因素"，意味着对于人与地球来说实际成本不包含在产品价格里。另外，创造的财富会在本地社区进行分配分布，从而促成更富于变化的、稳健和灵活的体制以及社会经济公平，二者均为可持续性的主要方面。

·**个人意义**：通过开放和透明的设计，这个概念性物体试图传达零部件组装与功能好处之间的因果关系，表现"收音机"概念蕴含的人类的聪明才智。它还明确揭示了这个功能对自然资源的利用。使用这个特别的物体还需要集中注意力，不轻易进行多任务操作。我将在第9章就该点进行更多阐述。

结论

有些认识能够认同比物质主义更全面、更广泛的情感，将当代技术产品置于这些认识中，则可以促进建设性的、系统性的变革。在概念化、目的、材料、生产方式、使用及使用后的处理等方面，后消费主义时代开发的产品更能够反映人们的思想认识，这些认识不仅更符合社会公平和可持续发展的环境优先原则，也符合更丰富、更复杂、更多层次的关于人类意义的理念。以消费者为基础的现代经济和生产体系这一幻想，不仅具有极大的破坏性，而且对许多人来说缺乏意义。如果没有上文所述的转变，这一体系无疑将会继续其贪婪的行径。

8 设计的精神

从尺八长笛获得的启示

所有有灵魂的生命都犹如拧在一起的两股线：一股线寻找那只鸟儿，一股线听那只鸟儿歌唱。正是这一点让生命这么难以估价，每股线的乐趣都如此妙不可言。认识到这一点，回忆起鸟儿对我们歌唱的那些幸运时光，让我们在翻开一页页现实主义画卷时充满了这样的惊奇。

——罗伯特·路易斯·史蒂文森
（Robert Louis Stevenson）

当我还在上艺术学校时，我参加了一次伦敦国家美术馆的实地考察旅行。那里有一幅画特别吸引我，15 世纪意大利画家皮耶罗·德拉·弗朗切斯卡（Piero della Francesca）创作的《基督受洗》（*The Baptism of Christ*）。我觉得这幅画特别奇特。画中人物苍白，近乎全白，他们的站姿也不自然，构图显得墨守成规而僵硬。画作整体呈现出这样一种效果：似乎在将观看者指向圣经故事描述之外的，同时也是存在于审美欣赏之外的某件事物。

　　多年以后，当威斯敏斯特大主教要求将这幅画从国家美术馆搬到一个教堂时，它再次引起了我的注意（图 8.1）。大主教给出的理由是这幅画作并非艺术作品。相反，他说这幅画是信仰之作，是一种引导人们进入祈祷的方式。[1]根据这种观点，这幅画的目的超出那些通常与艺术联系在一起的看法和关注点；它具有与精神发展相关的更高层次的意义。当这类画作被放到一个美术馆时，它所具有的目的就改变了；它不知不觉变成一个仅"供"审美欣赏的对象。然而，此类画作的最初构思并非为自主的艺术作品，而是精神修持的积极因素。[2]正如另一位德高望重的宗教领袖和学者之前所述，[3]在高度世俗化的社

图 8.1
主教要求将画作转移
2008 年 12 月 6 日，国际性天主教周刊
《碑铭》（*The Tablet*）

会里，此类画作被放到美术馆展现给世人，其产生的影响倒是聊胜于无，但是，必须认识到它们完全是为了其他原因而创作的，对于很多人而言，这些原因根植于什么是人类这一深刻思想中。

关于有形人工制品的概念是本章的中心主题，这种人工制品与超出世俗性和审美乐趣的理解直接相关。不过，本章关注的重点并非画作，而是需要身体互动的功能性物品。

为了了解此类物品在概念、设计、制作和使用上，是如何与内在发展及人类目的问题密切相关的，我们必须超越那些考虑实用和符号功能以及审美"　　传统描述。[4]正如第6章所言，更深刻的理解要与包含哲学和精神教　　　　久历史传统有关。科技与这些更深层次问题的关系影响了人工　　　　　性质。其中一个重点是将设计和科技与环境重新结合。[5]此外，　　　　　性物品的创造。对于这种物品的恰当使用，有助于培养我们所　　　　　过这种方式，功能性物品将实践层面的成就或"外在进步"与　　　　内者相互影响，相辅相成。当今时代的进步与科技创新、物质发展及　　　　的关系已经变得极其紧密，与之相比，我们所讨论的是一种相当不同的进步。重要的是，物品的设计、使用与内在发展之间的这种关系有助于我们更全面地理解人类问题，这种理解不仅包括实用性需求、物质享受及审美体验，还包括意义、道德责任及环境保护观念。换言之，它包括那些经事实证明以我们当前的产品设计和生产概念极难有效处理的问题。对人类需求以及人类需求与物质文化的关系等问题的更全面的认识，有助于促进我们理解可持续性，而这种理解比技术统治论方法更有成效、更具反思性作用。这种理解可以通过更具控制力、更能反映问题的"绿色"设计和生态现代主义加以例证。[6]

与其笼统地、用抽象的理论对这些相互依赖的物质文化的各方面进行探索，不如在设计领域考虑某一特定物品，这样更具建设性，我们可以从这一特定物品中得出在其他情况下也可能有用的结论。为此，我想研究一个特定的功能性物品，它被挑选出来因为它涉及异常广泛的一系列问题，包括精神层面的问题。这个物品就是日本的"尺八"长笛。对它的研究结果为批判当代产品设计的许多假想和规范提供了依据，也为我们重新评定优先考虑事项以及培养重视可持续性的设计方法提供了依据，迄今为止，这些方法尚未在设计教育或专业实践中得到突出体现。[7]

　　我会先对这个物品及其设计进行描述，然后解释其在精神或冥想修持中的用途。我要探讨的是该物品的使用方式与其物理设计之间的关系、作为一个事物我们如何看待它以及其产物——它所制造出的声音——的性质。有一点变得明确，即意义和内在目的的观念从根本上影响了这个物品的概念、设计和使用，似乎还影响了使用者。还有一点也变得明确，那就是这一特定物品的特点与许多可持续性设计相关的问题有共鸣。

尺八长笛

　　尺八长笛是一种粗重、厚壁、竖吹的竹制长笛。从其外形看，略微弯曲，底部直径逐渐增大，这是由于设计结合了竹根碗的特点。尺八一般由两部分组成，这样可以使其声音调节更加精确，不过更简单的一体式长笛，如图8.2所示，也在使用。尺八上面有四个指孔，下面有一个拇指孔。其内径常常用填充材料进行精密调节，笛孔通常涂漆。[8] 尺八上端有一个由骨头或犄角镶嵌物制成的独特斜"歌口"（blowing edge）（图8.3）。传统尺八的长度为54.5厘米，不过在今天，尺八有许多不同的尺寸和笛键。[9]

　　尺八的设计和结构非常简单，却能产生广阔的音域，从长笛音乐非常典型的纯音，到高度复杂、富有表现力的音调。[10] 众所周知，尺八是一种很难演奏的乐器，吹奏者可能需要一生时间才能掌握；对于初学者来说，使尺八发出声音可能都很困难。

　　尺八年代久远，可以追溯至公元8世纪，这种乐器长期以来总是和精神修持联系在一起。在室町时代（1333—1358），乞丐僧吹奏的早期版本的尺八笛壁较薄，[11] 江户时代（1600—1868），尺八开始具有独特的厚壁设计。在这段时期，使用尺八的是一群流浪的禅宗支派僧侣，叫作"虚无僧"（komusõ），他们常常是无主武士或浪人（ronin）。虚无僧不允许佩戴刀剑，不过那个时代充满暴力，尽管是僧侣，他们却常常参与战斗。似乎因为这些原因，尺八被重新设计，变得更厚、更重，设计利用了竹根碗的特点，使其不仅是一支长笛，还变成一根坚固的棍棒。[12, 13]

图 8.2

大约 1920 年的"地无"（jinashi）式风格尺八长笛；

相比于音乐表演，这种一体式粗制尺八更适合独奏冥想

图 8.3

骨头镶嵌物制成的尺八的独特斜歌口

在当今时代，尺八主要用于吹奏世俗音乐，常常出现在为十三弦古筝（koto）（一种日本古筝）提供背景支持的合奏中，也有大型的尺八乐队。[14] 不过，纵观尺八历史，这种独奏乐器一直与冥想、禅修及禅宗佛教的戒律有很强的联系。[15] 在最近几十年，尺八已经成功地超越国界，在西方国家得到承认。[16] 实际上，在今天的日本，将尺八独奏当作一种精神或冥想修持的吹奏者相对少见，而在西方国家，特别是美国，这种用途却扮演了主要角色。[17] 环境的改变同时也改变了尺八的使用方式。在寺庙里，禅僧可能把吹奏尺八当作一个完整的、以特殊方式完成的精神修持过程的组成部分。吹奏尺八并不仅仅是一种个人行为——在西方国家常常如此。[18]

我们从以上简短的概述中可以看出，纵观其古今历史，尺八长笛体现了广泛的人类问题，其中包括：

· 物理性防御；

· 团体表演、世俗娱乐及审美体验；

· 个性化及自我反省；

· 作为一种实现心灵发展途径的自律冥想修持。

尺八是一种超越了时间和文化的乐器。它被人们重视和吹奏的历史已经超过 1000 年，而且自 20 世纪后半期以来，尺八已经被西方国家接纳，现在世界各地都在吹奏。

设计、朴素及精神修持

尽管在某种程度上，现代尺八的整体形式起源于其曾用作武器这一事实，但值得注意的是，当今用于世俗音乐表演的长笛与历来用于冥想修持的乐器之间有显著区别。

在禅宗佛教里，吹奏尺八被视为一条开悟之路。[19] 对于此类修持，作为首选的尺八是一种形式更为原始的乐器，被称为法竹（hōchiku）。不同于由两部分组成的"世俗"形式，法竹是一种一体式长笛，而且更简单、更粗糙。法竹还更厚、更重，并且更天然。[20] 法竹的歌口大多不是镶嵌上去的，而只是竹子内切的一个斜口，笛孔也不做修饰，几乎没有填充物或涂漆。[21-23] 与用于世俗目的的版本相比，"冥想"尺八更简单、更粗糙。

在其他精神传统中也有一些粗糙、原始并且天然的长笛。"奈伊笛"（ney）是中东用于苏菲派（Sufism）冥想修持中的一种竖吹芦笛；跟尺八一样，它的设计也很粗糙，演奏也很难学。[24]"班苏里笛"（bansuri）是印度的一种简单的横吹竹笛，也被视为心灵乐器。[25] 在与精神修持相关的其他功能性人工制品中，也可以找到朴素、不添加装饰物、使用天然材料等设计特点。[26] 这些特性旨在重视内在生命的思想和信仰，在这些思想和信仰中，物质奢侈被视为一种阻碍心灵发展的干扰因素。[27]

人工制品的设计与使用性质的关系

法竹更为原始的设计意味着其缺乏标准的声音调节，这使它不适合在合奏中吹奏曲目，或吹奏最近具有西方色彩的曲目。法竹在被称为"原创曲目"（original pieces）或本曲（honkyoku）的传统冥想（traditional meditative）或精神曲目（spiritual compositions）中用作独奏。[28] 较为粗糙、不够精细的设计使得每一支法竹长笛都具有自己独特的个性和音质，这意味着吹奏者可以根据他或她自己特有的乐器进行个性化的冥想修持。[29] 这一点使物品、功能及使用者之间形成一连串不寻常的关系，这一连串关系对于饶具意义的活动及内在进步这两方面的观念至关重要。吹奏者逐渐熟悉他或她自己的乐器的个性和特质，这些影响到自律修持的性质和独立性。值得注意的是，乐器的形式和使用不是为了创作音乐，而是为了在冥想修持过程中制造声音。这种修持不需要"符合公认准则的"一组声音，不需要标准要求，也不指望乐器与吹奏者必须"相称"。结果，不同于较精制的版本，更为简单的法竹可以被视为功能性物品，从物理形态上体现并更为重视精神价值及内在成长，而非音乐价值或审美乐趣。[30]

在探讨开始时，我描述了弗朗切斯卡创作的《基督受洗》如何可以被理解为一个为内在发展而非为艺术创造的物品。同样，从物理设计特点及使用特性来看，尺八的法竹形式可以被视为精神工具而非乐器。在"非表演性"自律修持中，制造声音的过程既可以为吹奏者也可以为聆听者创造一种变革性体验，并且被视为一条可以通向开悟境界的心灵发展之路。[31] 这种形式的修持被称为 suizen，可以翻译为"吹奏中的冥想"（blowing meditation），或者直译为"吹禅"（blowing Zen）。[32, 33]

因此，从物质形式及用途上看，日本尺八长笛作为例子，代表了与我们某些最深刻的意义观念有很强联系的物品。就这一点而论，这一物品让我们更加了解可以被称为有意义的物质文化的性质，转而为与我们当前产品创造和使用方式相关的环境和社会挑战提供见解。为了更充分地了解这一点，需要更仔细地研究结构简单、形式原始的尺八所具备的功能用途的性质。

内在使用价值

通常，我们将使用功能性工具视为实现其他目的的一种手段，正如扳手被用来拧紧螺栓，铁铲被用来挖洞一样。在这些情况下，物体的价值主要体现在工具性上。不过，吹奏"冥想"尺八本身就被视为一种目的；其具有内在价值。这个过程无须评价，不关注也不执着于特定目标或重要成果的实现。人们集中关注的只是活动本身，包含制造声音、呼吸以及感受声音间隙的静默。这一活动需要耐心，不考虑预期的回报或成功。人们注重的是单独修持以及吹奏音符，而无须评价活动的优点或价值。[34, 35] 在奈伊笛修持[36] 中，以及在伊斯兰教苏菲派传统里由鲁米创作的《玛斯纳维·玛纳维》（*Masnavi-ye Ma'navi*）或"心灵诗歌"（Inner Verses）[37] 中，都体现出对吹奏音符及聆听静默的注重，静默在此处暗指难以言喻之事。静默虚无，在美国作曲家约翰·凯奇（John Cage）的音乐作品中[38]、罗伯特·劳森伯格（Robert Rauschenberg）的《白色绘画》（*White Painting*）[39] 以及被认为是由施伍达斯（Shivdas）创作的心灵绘画[40] 中，也是一个重要元素。

在这种形式的潜心修持中，吹奏者，可能还包括聆听者，沉浸在活动中，就这样全身心专注于当下时刻。这种对当下的专注是许多精神传统的一个重要方面，比如用到尺八的佛教，还有基督教和印度教。[41, 42] 在其他一些直觉的、即兴的艺术形式中，比如日本即兴水墨画（hobuku）以及约翰·科尔特兰（John Coltrane）《至高无上的爱》（*A Love Super*）之类即兴西方爵士乐中，这一点也表现得很明显。[43, 44]

象征意义

围绕尺八和其可以发出的声音，人们积累了很多象征意义，这强化了其作为具有文化和精神意义之物的重要性。通常，尺八由一根有三节或节点的竹子制成，并有五个指孔。据说，三节象征天、地、人三重力量，而五孔象征地、风、火、水、空五大元素。[45] 或疾或缓的音调好比东方哲学中的阳和阴，而演奏两种音调则象征着"演奏太虚"。[46] 最初吹奏冥想尺八的法竹僧侣穿戴篮子型的帽子，这样可以隐藏演奏者的身份——象征内在生命，以及对自我或世事的不执。[47] 通过这些与传统的联系，尺八积累了一套丰富的、深深根植于精神修持和内在成长的持久性象征价值。

有意义的物品与可持续性

尺八在其所有特点方面都与许多当今科技含量最高的功能性物品有显著不同，特别是作为畅销消费品的各种电子产品。尺八是一种设计简单而使用复杂的物品，而现代电子产品则是一种设计高度复杂而使用通常极其简单的物品。使用尺八需要注意力和耐心，并且需要很多年的持续学习，而现代电子产品的用法常常在几分钟内就可以掌握。尺八的使用，至少在精神修持中，本身就是一种目的，因此具有内在价值，而现代电子产品的使用主要具有工具性，即是一种实现其他目的的手段，比如发短信，聆听预先录制好的音乐或拍照。另外，由于包含深刻意义及个体特征，未精雕细琢的冥想尺八作为一个物品本身就可以具有内在价值；换言之，作为一个事物，其本质属性中就包含价值，就这一点而论，它可以成为主人珍惜的有意义之物。如果得到适当照料和保养，它可以世代流传。相比之

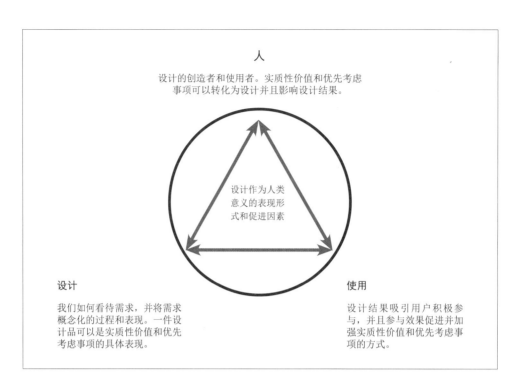

人

设计的创造者和使用者。实质性价值和优先考虑
事项可以转化为设计并且影响设计结果。

设计作为人类
意义的表现形
式和促进因素

设计

我们如何看待需求，并将需求
概念化的过程和表现。一件设
计品可以是实质性价值和优先
考虑事项的具体表现。

使用

设计结果吸引用户积极参
与，并且参与效果促进并加
强实质性价值和优先考虑事
项的方式。

图 8.4
设计作为人类意义的表现形式和促进因素

下，现代电子产品往往几乎没有内在价值，结果当其工具性价值被一个科技含量更高的型号所取代时，就很容易被丢弃和取代。

　　所有这些因素都与如同理解幸福和有意义的生命密切相关，[48] 也与我们当代人对可持续性的反应紧密关联。就设计和使用而言，尺八可以被理解为一种物理表现形式，表现了长期以来人们对于人类意义这一概念的实质性理解，同时也对这一概念的确立作出贡献。这些关系如图 8.4 所示。与可持续性的联系是明确的。我们从上述对比中可以看出，几个世纪以来，关系到人类幸福和意义的功能性物品，其本质上具有的优先考虑事项和价值观与许多当今最广受追捧的消费产品完全相反，今天的消费品缺乏持久性价值，而且事实证明，极具破坏力，不可持续。

当代争议背景下的尺八

尺八长笛是一个前技术时代物品，它的使用和功能发挥需要我们全心投入。事实上，它的使用性和功能性的实现离不开我们用它进行的活动。这种强制性的参与是该物品固有的性质；这种参与同人工制品建立了一种丰富的关系，可以增强其实质性的价值。就这点而言，按照博格曼的定义（详见第 7 章），它可以被归类为"事物"。与之相比，提供工具性效益而不需要类似参与乃至关注的电子产品则可以被归类为"设备"。根据这一观点，在受市场价值观和消费主义驱动的科技文化背景中，我们形成的科技产品概念不够充分，因为它们没有增进反而弱化了我们的体验和理解，而且在这个过程中会破坏全身心参与或"深入体验"的机会，而这样的机会能发展技能，拓展优势，并探寻更具反思性作用的存在模式。[49]

不过，尽管科技产品强调的重点是工具性效益，但必须认识到，它们也可以为人类福祉作出重要的、具有价值的贡献。它们可能获得各种象征意义，而这些象征意义被视为积极的抑或消极的，这取决于个人看法。不过，尽管有这些潜在的可能性，此类产品一般与对于可持续性及更深层次的意义概念的理解仍然存在差异。与电子消费品相关的工具和象征价值包括：

· **使用价值**——完成某一特定任务的一种手段。

· **涉及社会价值及个人参与的使用**——通过沟通、信息交流、聆听音乐等实现社会互动的一种手段。科技物品可以提供有价值的机会，不仅完成一系列设定的任务，而且让其活动本身具有意义。虽然使用笔记本电脑、智能手机或 MP3 播放器，可能提供数不清的消遣及不具反思性作用的机会，但也可以这样说，它们也为我们提供了可能被视为让社会或个人更丰富的且具有内在价值的活动。[50]

· **生产价值**——公司赚取利润及创造财富和就业机会的一种手段，这些都可以起到重要的社会作用。

· **象征价值**——（科技）"进步"的有形指标，正如在之前章节中所言，在现代观点中，被认为是有意义的；而这种理解在今天的晚期现代或后现代背景下，正面临越来越多的争议。

·**象征价值**——有形的作为社会定位的人工制品。与充满竞争的个人主义相关，并通过最新科技、产品和流行时尚的获取来表现。[51, 52]

后面的这些"象征性"元素会刺激消费主义，因此在可持续性方面存在问题。虽然通过现代电子产品实现的某些活动可能涉及更具实质性的价值，然而我们当前科技概念的整体效应强调的是工具性效益，它们无疑脱离了对成就和意义更深层次、更全面的理解。此外，通过全球性工业系统生产如此大规模较为短命的能源依赖型产品，其累积效应明显与可持续性环境优先考虑事项不兼容。

因此，对于构想新的看待科技的方式，设计学科有义不容辞的责任——不是拒绝科技，退缩回某种浪漫主义的简单生活中，而是在以一组更全面、更充分的考虑因素作为背景的情况下，富有想象力地提出如何理解科技益处的替代性主张。我之前提到过很多建设性的改变方向，但是科技改革对于任何此类改变都至关重要。正如芬伯格（Feenburg）所说，科技改革需要对实践进行根本性重建，这样，通过更加重视科技发展的民主形式来协调工具性效益与实质价值，这些民主形式将环保、健康充实的工作等质量因素内在化。[53]这种改革将需要复兴本土的作用，需要认识到生产并不一定非得全球化才能成功，而本土雇佣可以开拓本土市场。[54]通过产品回收和修复，这也许不仅会为环境改善作出贡献，而且还会通过更分散的财富创造机会，促进更大程度的社会平等。而更大程度的社会平等转而会促进经济稳定及社会和环境的可持续性发展。[55]

这些方向明确了我们当前对科技产品在认识上的不足——既包括科技产品带来的个人利益，也包括科技产品所使用的不可持续的生产和处置模式。这些方向还表明了改革的必要性，不仅为了更有效地处理环境和社会问题，也为了处理与人类目的和意义相关的更具实质性价值的问题。作为人工制品，尺八长笛是一个特别恰当的例子，它在物理设计和使用方面突出反映了后面所述的这些因素，并且显示出与用于更平凡目的的相似版本之间的明显差异。

培养更有意义的设计方法

与全球化相关的社会危害和剥削以及日益加剧的环境恶化，证实了伴随我们当代产品生产和营销系统的道德缺陷；这个系统鼓励竞争而非合作，鼓励贪婪和财富集中，而非慈善和财富均衡，而且趋于否定、混淆并外化其相关活动带来的环境和社会影响。[56,57]此外，几千年来，全世界的哲学和精神传统一直强调自知、内省及反思，认为它们是人类幸福和让生命有意义的关键因素。与这些传统形成鲜明对比的是，我们当代的许多物质文化故意通过设计让人分心。例如，通过大量吸引我们注意的娱乐产品和科技产品，妨碍并干扰我们的思想，支持并鼓励多重任务处理，占据我们的头脑和时间，进而阻碍我们探寻更为周到、更具反思性的生活方式。

为了处理设计规范中的严重不足，更广泛地说，是在我们的生产和经济系统中存在的严重不足，我们需要在哲学和动机方面发生根本性改变。对尺八长笛进行的这种思考，以及与当代电子产品进行的对比，有助于我们集中探讨设计特性。这使得人们可以用与设计师的关注更相关的方式，来思考那些源自科技哲学、社会科学与环境哲学的普遍的、理论化的讨论带来的影响。全球资本主义提供精致讲究但寿命短暂的消费品，通过它们很难解决环境和社会责任问题，而这些问题的解决可以为我们发展新的优先事项提供基础。

从尺八中得出的发现使我们得以从全新的视角看待我们当前的优先考虑事项，挑战许多我们现行的想法。这些发现可能并非全都适用于当代科技产品的设计，但它们为重新评估许多设计规范以及解决工具性价值与更具实质性价值之间形成的破坏性分离提供了依据。后者一般不在通过科技来考虑设计可能性的概念框架之中，因而，由于科技产品激增且成为我们生活方式中更为重要的元素，在我们当前的物质文化概念中以及我们对物质文化的参与活动中，实质性价值日益减弱，甚至几乎不存在。[58]

改变设计

我们已经描述了尺八的各种特点，也思考了当代对于设计与科技的探讨中一些更重要的方向，现在有必要把这些思路连在一起了。这将使我们能够识别这一富有文化意义、关乎精神世界且具有持久性的人工制品的独特属性，思考它们在我们对可持续性设计的理解，特别是我们对科技改革的反应上，可能会有什么影响。

尺八是一种完全与环境因素兼容的功能性物品，因为它的材料成分完全取自自然，而且可以再生。为了学习并了解这种乐器的性质，一些传统的日本尺八教师要求他们的学生采集竹子，制作并吹奏属于他们自己的尺八长笛。[59] 这种从实地获取资源到制成最终成品的亲身体验，可以让学生们直接清楚地了解材料、流程与效果。从一个有生命的生物到一个能够发出声音的人工制品的转变，有助于我们逐渐更深刻地理解以及尊重自然环境与人类供给之间的联系。

此外，法竹类型的尺八从设计、功能到应用，完全融入对人类目的全面而深刻的理解之中。它的原始、自然状态完全符合冥想修持个性化的使用特点。对于冥想修持来说，点缀物、涂饰以及过于精细的制作是多余的、适得其反的。并不需要遵循某一预定的客观标准，原始的制作使每一乐器具有自己的独特性，加强了使用者与他们特有的个人乐器之间的联系感。这些物理特性既影响使用性质，也影响音质，在全身心投入的使用者与有形人工制品之间创造了一连串独特的相互依赖的关系。

这些特点和流程几乎在每一方面都与当代电子消费品的特点和流程迥异。当代电子消费品的设计和生产同质化，以分散的、相互隔离的决策和过程为基础，而且这些决策和过程常常忽略社会和环境影响。这种物理上和心理上与人类关注点及场所亲密感的分离，导致了道德和环境责任的系统性贫乏。在这个系统里，对人们和自然场所的考虑是从工具和经济角度进行的，人和自然被视为工作单元和资源吨位。结果，在许多国家，工厂员工在恶劣条件下长时间工作，几乎没有任何权利，并就地住在厂内员工宿舍里，他们在那里远离家人和朋友，而资源开采行为也使地貌变得贫瘠、裸露而且受到污染。[60]

我们当前的产品设计和生产概念带来的破坏性后果毋庸置疑，而对科技产品的真实和潜在效益的认识对我们提出了挑战，需要我们去彻底地重新评估人类的许多设想和行业规范，并重新构思这种产品可能是什么，以及它们可能如何被创造和使用。正如已经看到的一样，要改变我们的方法以便克服严重的系统性缺陷，许多人认为优先考虑事项和流程也需要发生重大改变。其中关键性的一个方面是，在资源获取和使用方面重新强调本土化，在参与、决策制定和控制方面（由受雇人员或受影响人员）重新强调本土化。这种强调顾及对结果的直接认可和既定欣赏，会促进与人和场所的更深层次联系。

也许更为关键的是，这种改革需要重新思考我们如何依照目的和意义，对科技产品进行构思和设计。当科技产品的特点是目的浅薄、缺乏关于人类能力更深层次的概念，以及会带来无限的让人分心的机会，结果其产生的必将是侵蚀人类的潜力和意义感。从对尺八的审视中我们看到，经由一种让功能性物品可以被展现和被使用的方式，它可以超越纯粹的工具性问题，进而包含一种全面的环境—物体—使用者之间的相互关系。这种关系具有内在价值，可带来更丰富的参与行为，培养和发展人类能力。这种参与行为加深了我们对欣赏和赞美的认识、了解和感受——博格曼称之为现实的有力存在感（commanding presence of reality）。[61] 当一个科技设备的构思和使用主要建立在工具性价值之上时，它的存在感以及我们的参与感就减弱了，它变成了只是实现其他目的的一种手段。在尺八传统中，这被视为目的的堕落，因为不能认识到"所做之事"的内在价值——通过参与活动而感受到的学习之美以及发现之妙，这一切无关成功或失败。[62] 这种"所做之事"总是在当下时刻进行，因为我们实实在在活在当下，而不是在其他时刻。这种参与会产生一种喜悦感和意义感；但是，虽然可能产生这样的结果，其最初并没有以此为目标。不过，在当下的内在价值没有在一个人工制品的设计和功能上得到恰当认识时，这个人工制品的使用会减少它自身的寿命。

很显然，科技改革的一个重要部分将是发展融合工具性效益与更大程度参与感的概念。这意味着在设计产品时需要将批量生产与本土化、环境责任以及更深刻的有关人类目的和意义的概念相结合。这还意味着更大程度地承认我们行为的影响，我们必须将这种影响融入产品生产和使用中。而且这还需要我们转变经营的理念，朝着分散的、本土化的工作社区发展。[63] 也许通过这种转变，科技物品可以具有持久性，并且成为我们物质文化的进化因素。这也许会使它们具备更大的情感耐久性以及更符合实质性价值的象征意义。

　　这种前景需要新的设想。发生这种改变的产品必然会与当今的那些产品存在很大区别，而它们的开发将需要新的、有活力的创意，即抓住真正的设计精神的创意。这是一个充满挑战的机会，可能需要改变我们的流程、我们的产品甚至我们自己。

9 专注

使设计产品渐进耐久且意义永恒

我的思想指引我现在
谈论新变化的形式。

—— 奥维德（Ovid）

如果我们走在繁忙的街道上，坐在候机大厅里，抑或是乘火车旅行，我们一定会看到许多人在使用各种小型电子产品。他们可能戴着耳机听音乐，用手机进行通话，拿数码相机拍照，抑或是通过笔记本电脑发邮件。有时，人们同一时间进行好几种活动（图9.1）。这种情景已经变得很普遍，而且引发了许多与我们当前的产品概念相关的问题。电子产品设计的根本规范不仅关系到它们的制作方式、它们的使用寿命，以及使用期限结束时它们如何被处理，还关系到这些产品被使用的方式以及它们倡导的用途。所有这些因素都影响到21世纪工业设计在处理可持续性以及"意义"问题上的责任。

　　本章首先研究所说的"可持续性的三重底线"（triple bottom line of sustainability），这三重底线经过扩展还包含"个人意义"。有研究表明，正如在电子设备使用中常见的情况

图 9.1

多重任务处理
在街道上行走时边打电话边选曲

一样，对与社会责任、环境管理以及意义的实质性概念相关的行为和价值观来说，多重任务处理以及注意力不集中会产生不利影响。根据这个研究，第四个要素的关联性清晰可见。这些问题带来了许多设计挑战，而这些挑战转而促进了寻求既符合更具反思性作用的产品使用模式，也符合可持续性原则的设计重点的发展。我们会通过一系列概念性设计探讨并说明这些优先重点的影响。

本研究呈现的设计提案将一般原理转变为有形的具体物品的设计。当然，这些设计并非确定不变的，也可能产生许多其他设计结果。不过，本文所列的例子足以说明另一种设计方向的可能性，这种设计方向不仅为未来提供了一个更本土化、更灵活、更持久而且对社会和环境危害更小的有效方式，而且还更符合个人意义的理念。

三重底线之外

可持续性通常用三重底线来表达，三重底线指与人类活动相关的经济、环境和社会这几个共生因素。[1] 一些人提出还需要第四个要素，但是对于第四个要素应该是什么，似乎尚缺乏共识；它似乎往往是由那些提出它的人的特定身份来确定的。另一些包括地方官员在内的人提出包含"文化"在内的四重底线，[2, 3] 也有人认为缺少的要素是"管理"（governance），[4, 5] 还有人认为是"文化／道德"。[6] 尽管这些提议可能为某些部门增加了有效的关注点，但是它们在发展更具说服力的对可持续性的理解方面，都没有特别的价值，也没有谈到我们的活动与更深刻的关于人类目的和人类满足感的概念之间的关系。事实上，所有这些说法都可以归入三重底线。管理、文化和道德这几个方面关涉社会关系和社区的发展与福祉，因此可以列入可持续性的社会和（或）经济考虑因素。三重底线缺少的是关于人类不仅是群居动物还是独立个体的明确认识。而且，我们是追求意义的个体。[7]

为了确保我们进行的活动既关乎我们个体，也具有实质性价值，我们必须在我们的可持续性概念中加入一个要素，承认这一更深刻的内在特性的价值。[8] 为此，有人建议第四个要素应该是精神性。[9] 的确，这个词传达出与意义和个体密切相关的一系列广泛的认识和做法。然而，对于一些人来说，这个词可能有问题，因为它与灵魂、神圣和宗教有紧密联系。因为这个原因，同时认识到，将可持续性与个体联系到一起的实质性价值具有重要意义，本文提出可持续性四重底线的第四个要素是"个人意义"，这个词承认可持续性必须与个人有关联，且对个人有意义，同时还要具有社会责任。这个词含义广泛，足以包含一系列不同人都认为意义深刻且内涵丰富的普遍认识和做法。这并不是说任何或者所有认识和活动都要有意义；所强调的是那些符合更深层价值的，[10] 以及那些我们人性中更深刻、追求意义的方面。广告和营销不断煽动我们自我放纵和追求享乐，然而几千年来，自律、沉思与美德一直都是有意义生活的基本方面，也是人类幸福的实质性概念。我们还要注意个人意义与可持续性的其他要素之间的联系，这一点也很重要。例如，恶化的生态系统往往与人们对意义、文化认同以及与个体福祉相关的许多其他因素的更深层次认识水平下降有关。[11]

我想在本文探讨的正是个人意义这一概念，它关乎电子产品的设计和使用。通过思考这一因素可能如何影响设计的重点，我们清楚看到，经济要务、环境责任、社会关注的问题以及个人意义的实质性问题之间可以形成成果显著的协同作用。

关于浅薄盲目的老生常谈

上文提到，人们常常在使用电子产品时进行其他活动，比如某人在乘火车旅行时，边听音乐边在笔记本电脑上打字，同时小口喝着咖啡。当我们置身于这些活动时，我们不仅将自己与自身周围环境隔离，还分散了自身注意力；我们的思维不假思索地从一件事跳跃到另一件事，非常草率。可能有人会说，我们不让自己有机会充分了解我们的周边环境以及旁人，我们并没有充分欣赏音乐，亦没有完全享受咖啡的味道，而且我们也没有专注于通过笔记本电脑进行的活动。

神经系统科学研究发现，在同时进行两个任务时，我们投入每一个任务的资源更少，而且分心会影响到信息的掌握方式，导致信息在未来用处更小。尽管有推测说大脑能够适应，可以让多重任务处理与持续专注保持平衡，但是几乎没有证据表明这种平衡能力真的有可能存在。[12] 多年来，人们早已承认多重任务处理对专注力的影响，例如，在诸如驾驶等领域，使用手机会严重增加事故风险。[13, 14] 研究还表明，信息超负荷与多重任务处理会对我们的移情、道德反应、同情以及宽容能力产生不良影响，不利于我们培养情绪稳定性，而上述所有这些能力都是传统意义上与"智慧"一词相关的特质。我们的移情、被触动或关注道德问题的能力与大脑中反应较慢的一些部位有关，这些部位需要时间来思考接收到的信息，在我们同时进行多项活动时，似乎正是这些部位受到阻碍。通过科技产品进行长时间的多重任务处理还会促使焦虑感和消沉感增长，而注意力、智力能力和工作效率会下降。[15-17] 此外，对 18～25 岁年轻人进行的手机使用情况调查显示，许多年轻人一天使用手机的时间长达好几个小时。当他们的电话和信息没有得到回复时，他们会变得心烦意乱，往往忽视重要活动，与朋友和家人变得疏远，而且在发展社会关系上也会遇到问题。他们也觉得需要时时保持可被联系状态，当手机不在身边时他们会变得紧张、焦虑。[18]

与努力推动数码科技服务发展和使用相关的一个担忧是，[19] 这些科技提供的只是经过筛选的、非实质性的关于现实的版本。尽管存在"关联"（connection），但它们会使我们远离与世界的直接互动，远离对世界的感知，这一切会加重我们的"无知"（blindness）。[20] 这种分离作用同样体现在我们与其他人的互动方面。呼叫者识别功能让我们可以选择通话对象，电子邮件使我们可以控制沟通时间和沟通对象；这种控制权拉大了我们与对方之间的距离——不管对方是朋友还是陌生人。[21] 基于文本的沟通方式，由于欠缺声音沟通的口吻、面部表情以及其他非语言沟通的微妙形式，可能会造成误解和误读。

当然，科技产品相关的许多问题不可能单靠产品设计就能解决。这种产品导致的行为模式一部分是由于它们的构思和设计方式，一部分是由于个人选择。不过，在设想一条不同途径时，设计者的知识和创造技能会发挥重要作用，这条途径不仅对环境更有益、对社会更负责以及在经济上更公平，而且对这些产品的使用者来说可能更具个人意义。但是，总的来说，设计行业并没有正视这些问题。一位批评家指出，工业设计已经沦落到摆弄技术产品外观的地步，未能履行它的责任。[22] 另一位批评家认为，制造"物品"（staff）以及与制造新"物品"相关的创意代表的是过去的范式。[23] 因此，如果工业设计要应对这些巨大挑战，则需要通过新的目标来重振自己。

思辨性设计的新方向和作用

　　要面对这些问题，我们必须通过制订受欢迎、有意义且可持续的议程和主张，从而找到重振设计业的方法；有责任这么做的人一部分是那些本身就在设计业的人，一部分是那些教育和培训未来设计人才的学术机构。学术界的设计有机会集中研究在企业文化中往往较难实施的基础性、概念性设计。大学设计有能力也有自由可以批判当前的方法，检验它们的不足以及探索新的可能性，而这一切都无须拘于设计咨询公司的日常工作重点（图9.2），而且，鉴于对更有益的替代性前进方向的迫切需求，它有责任这么做。

　　为了作出更有价值和意义的贡献，设计不能仅仅成为一种求新求异、刺激销售的手段。这种角色使设计沦为纯粹的资本主义工具，否定了其为共同利益作出贡献的责任和潜力；正如我们已经看到的，有些人认为这就是工业设计所遭遇的事。为了开拓一条更负责、更有活力的设计道路，设计结果不仅必须具有某些实用效益或用处，就当代电子产品来说，这些效益或用处主要建立在科学家和技术专家的工作成果基础上，还必须在概念上符合可持续性，而且有助于产生负责任、经过深思熟虑的使用形式。

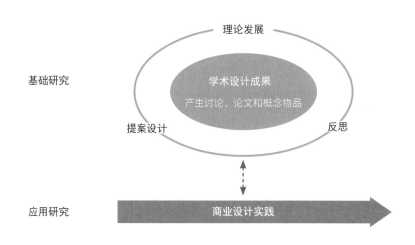

图 9.2
学术界基础设计研究

必须要认识到，学术界所做的思辨性设计工作，不是为了开发能够经受某些预定实用标准检验或测量的、可能实际可行的"解决方案"。更确切地说，它的目的是检测和挑战我们的各种假设，并探索我们所设想的其他看起来有价值的途径。这种工作的目标不一定是说服他人，而是通过以合理的推断为基础探索新的设计方向，从而提出问题，而这些问题的提出可能受到其他领域新兴研究成果的影响。这类创意型研究的驱动力是设想新的可能性，其重点和目的都与被动解决问题不同。[24] 尽管这种工作代表了学术界设计特有的机会，但一些公司，比如荷兰的飞利浦公司，也将资源投入到思考性研究中，展开探索新方向并检验假设的、具创造性的"设计调查"（design inquiry）。[25,26]

可持续性、生产与产品意义

下面让我们看看当前方法存在的一些主要不足之处，尤其是在那些与可持续性、生产及产品性质相关的方面。本研究将让我们明确新的工业设计重点，而这些重点转而会为概念性探索提供依据：

可持续性：旨在符合可持续性原则的活动必须考虑到三重底线，或本文已指出的四重底线中相互关联的要素。可持续性概念要求我们探索新的路径，通过这些路径，可持续性的各要素之间能同时且互相进行论证。令人遗憾的是，我们距离这一目标还有很长的路要走。如果这些要素真的经过深思熟虑，更常见的做法是把我们的活动带来的破坏性后果当作不同问题以不同方式分别进行处理。我们试图参与一个活动来抵消另一活动带来的负面影响，这种做法完全脱离了问题本身及其产生原因。例如，一个总部设在伦敦的组织让人民通过在新西兰种植树木的方式，来抵消使用 iPod 音乐播放器给环境带来的负面影响。[27] 这种举措可能成为一种很方便的替代，使人们放弃仔细审视和改变自己的做法。

生产：如果我们要集中关注问题的核心，我们必须根据可持续的优先标准，批判并直接处理我们具体活动所引起的问题。例如，近年来，全球手机使用数量剧烈增长，每年生产和运输的手机数以千万计。尽管它们体积小，便于携带，也是一种保持联系的便利方式，但它们与可持续性的关系引发了许多问题，尤其是它们的生产方式。在这个背景下，可以对我们关注的主要问题进行一个简要概述。例如，在经济角度而言，这些设备的生产商每年可以获得巨额利润。[28] 可能获得这些利润的原因如下：首先，在生产工厂里，工人常常不得不长时间工作而工资却很低，而且几乎没有基本权利。[29] 其次，这些产品的生产、运输、使用及处置造成的环境影响不会被纳入会计核算范围，而是被定名为"外部效应"（externalities）。再者，即使在现行法律禁止公司对环境或社会造成破坏性外部效应的国家，[30] 也存在非法行为，这些行为往往导致有毒电子垃圾被倾倒至较贫穷国家。[31]

产品：如果我们考虑产品自身的性质，会进一步引发问题。尽管有许多不同公司在生产手机，但是这些产品都反映出一组相似的设计优先点，从概念上讲，在它们之间几乎没有多少可选择性。它们都是小巧、坚固、易于携带和便于使用的小型设备，而且除了能够拨打和接收电话外，它们都有许多其他功能。乍看起来，这些产品特征似乎合乎逻辑、合理而且受欢迎，但是这些看似被普遍接受的"手机"概念需要根据四重底线进行检验。这将使我们可以形成一组革新性的优先重点，并为探索替代性前进方向打下基础。

当我们决定购买一部手机时，我们会面对成百上千款不同型号。最简单的手机与那些支持更多功能的手机之间价格变化非常大，而且某些手机可以通过从互联网下载应用程序而满足个性化需求。然而，无论如何，手机这一物质产品始终是一种小巧手持设备，以独立、固定的形式体现科技发展某一特定阶段的成果。我们可以选择触屏版或按键版，选择按键在手机正面、滑动式或翻转式的设计特点，我们还可以选择不同颜色，不过这些差异相对并不重要。我们也明白，不管我们选的是哪款手机，过不了几年它都会过时，几乎没有经济或功能价值。此时，它很可能被丢弃并被一个更新型号取代，这个新型号将是代表科技发展稍稍进步阶段的另一固定实体。此外，当我们购买这样一个产品时，我们几乎不需要了解它所依据的科技、它的来源地或是其生产、使用及处置所产生的影响。

尽管错综复杂的数码科技世界让人非常难懂，而且很可能超出大多数人的兴趣范围，但也许我们设计电子产品的方式可以让我们的决定与可能性后果更紧密地联系起来，并有助于培养更持久、更有意义的物质文化概念。例如，当前我们可以购买到的手机均无法使用很多年，它们无法随着科技进步不断更新硬件，也无法成为有吸引力和实用性的、跨越世代的传家之物。可供我们挑选的手机均不能随我们需求的改变而不断更换零件，我们也不能用本地制造、有文化关联的部件为其实现美学更新。而且，可供我们挑选的手机也不能在体现功能效益的方式上，表现出多样化的概念。这些可能性目前都无法实现，而事实上它们有可能产生更持久的关于电子产品的诠释，可以提供更多了解和掌控个人物质产品的机会，并带来更多的依恋感。我们将会看到，这些可能性还可以大量减少电子垃圾和污染以及相关影响，因为我们可以更换和升级单个部件，而不是丢弃和取代整个产品。

就使用而言，当前可用的手机类型造成的互动形式可能引起信息超负荷、多重任务处理等相关问题。强调方便性的设计重点还会形成打断思路和任务、冲动而草率的使用方式。例如，许多手机包含众多不断分散注意力的电子游戏和互联网功能，如上所述，经常浏览网站和查看信息或邮件会导致上瘾一般的行为。

本研究明确阐明，我们当前的电子产品概念，也许特别是手机，是如何鼓励某些生产行为的，尽管这些生产行为利润高，但造成严重环境后果、社会不平等、存在道德问题的雇佣制度和大量有毒电子垃圾，这些垃圾经常而且有时是非法地倾倒至政治或经济更弱势的地区。此外，使用这种产品的方式使得人们的同情心和道德关怀受到侵蚀，而且导致了与各种心理障碍相关的强迫行为。

尽管市场竞争是决定产品物理特征的关键因素，但当生产者都在竞相生产本质上相同的产品时，几乎不存在市场特殊性，也几乎没有机会让人们挑选可能代表更积极前进方向的产品。尽管公众已经明显认识到消费主义带给环境和社会的负面影响，但是更有意义的可持续性理念并没有提供更多机会供人们选择。导致破坏性行为和有害影响的生产／消费体系的特点和规范，以及助长草率使用方式的产品，也是限制真正选择机会的因素。因此，为了发生重大改变，我们需要新的产品设计和新的企业模式。新的模式不仅允许在产品开发和定义中有更大的参与度，还可能对社区凝聚力和社区能力有所贡献，[32]并提高个人影响和对产品的了解。

四重底线的新设计价值

为了处理这些不足，设计和生产需要开拓前进方向，充分利用科技进步所带来的机会，同时关注可持续性的社会、环境和经济要求，以及个人意义与满足的更实质性问题。为了处理这些相互关联的因素，设计重点需要使产品能够：

· **不断演进**。这会随着科技进步、消费者品位改变以及新的可能性得到发展而展开，从而受益于科学进步以及新的视觉表达形式。

· **适应变化**。以新硬件部件的形式来适应变化，这些硬件部件的未来体积要求仍然未知，也不可预测；从而通过更换单个部件实现渐进式改变，而不是丢弃和取代整个产品。这有助于减少环境负担。

· **在本地完成保养、维修和升级**。这会对本土化、可持续性以及更持久、更相关且具有个人意义的物质文化发展产生积极影响。

· **培养更深思熟虑、不那么分散注意力的使用方式**。分心和干扰因素更少、支持专注型使用方式的电子产品，会创造真正的选择机会和更有意义的参与形式。数码经济的效益会因此更符合对个人意义与满足的持久性认识。

· **内化影响**。通过那些将可持续性相关考虑因素当作活动核心的新企业模式来内化影响。例如，包含产品维修与升级服务的经营模式，会带来生产者与产品使用者之间有意义、持久且互利的关系。分散式的创新、生产、再制造与回收再利用，可以创造本地就业机会，并产生与本地相关的解决方案，它们利用大量富有创造力的可能性，促成对环境更有益、更公平、以服务为导向的解决方案。此外，这些电子产品可以被看成可靠的耐用工具——最基本的机器设备，它们的硬件可以通过标准接口提供软件和服务，来周期性地进行升级和补充。

这些设计的优先重点源于对与可持续性和意义有关的电子产品的考虑。不过，它们与一项独立研究的发现一致，这项研究采纳了四个咨询组的观点——"未来""设计""客户"以及"决策者"。[33]

概念性手机设计

　　为了说明上述内容，我们发展了替代性的手机概念，来探索和概述上文所列标准的意义。这些概念的预期目的不是成为市场上可行的产品，而是要体现这些基本标准可能被转化为实际人工制品的方式。它们是为了给电子产品指明可能的发展方向，应对可持续性批判，应对多重任务处理和时常如上瘾般的草率使用方式带来的有害影响。然而，本文呈现的概念也充分认识到科学和科技进步的重要性，以及它们在改善我们的物质文化和生活水平上发挥的作用。

　　为了符合所述要求，设计出的产品应该可以随时间变化而对其组成部件进行渐进式更换，以达到维修或升级目的。开发这种设计需要我们转变对产品的看法——必须抛弃将其视作局限于某一特定时间段、容易过时的固定商品的想法。相反，我们必须将其构想成一个不断变化的物体，一个始终存在但却日新月异的临时性产品。当我们将一个产品设想成固定实体时，会视当前产品为最新版本。早期版本先行一步，而未来我们会得到更先进的版本。这种概念从根本上是不可持续的，因为早期型号通常会被扔到垃圾填埋场，[34] 而未来的版本则需要使用新资源和能源，而它们的开采、加工和运输会产生新的环境影响。与此不同的是，当我们把一个产品当作永远伴随我们并不断演进的实体时，我们可以更换和升级单个部件，进而享用到新的科技发展，同时大量减少垃圾、污染和资源使用。

　　值得注意的是，由于科技在不断发展，我们无法准确预测升级部件会是什么样子，它们将运用什么科技，或者它们的尺寸和形状如何。因此，与其创造一个容纳各种部件的固定外壳，不如寻找使部件更松散地连接的解决方案。随着产品在其延长的使用年限中变化和演进，我们可以更换更先进的部件。这类演进还表明，任何形式的外壳都应该足够灵活，能够适应这些不断变化的部件形状和尺寸。

　　在此展示第一个开发概念，袋装手机（Pouch Phone）（图9.3），一个简单布袋将手机的独立部件包裹在内（图9.4）。这种设计使我们可以随着科技进步而对产品进行渐进式升级，灵活的外壳方便容纳与以往体积不同的新部件。就这种分解式结构而言，它并不是一部手机，而只是一个零部件集合体。因此，它不会中断或干扰其所有者的思路和正在进行的活动；所有来电会直接被转为信息服务。

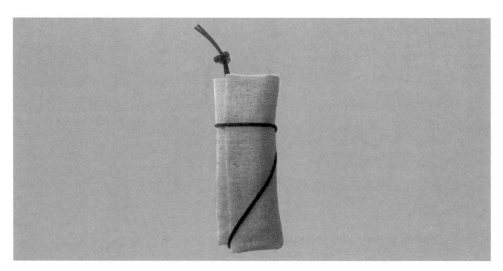

图 9.3

"袋装手机" ——概念

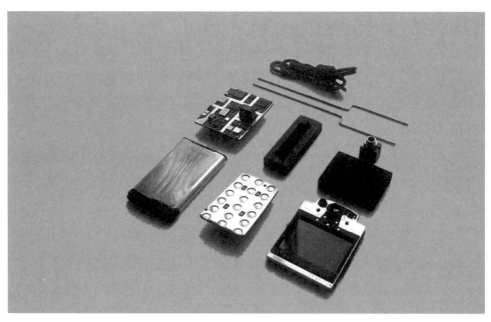

图 9.4

"袋装手机" 概念的独立部件

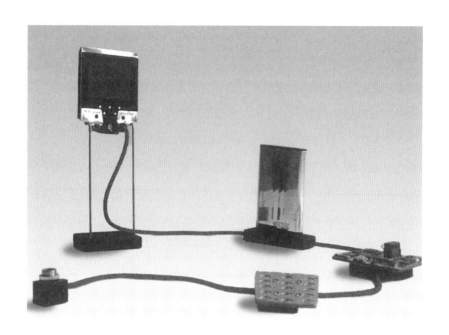

图 9.5

"袋装手机"——组装使用

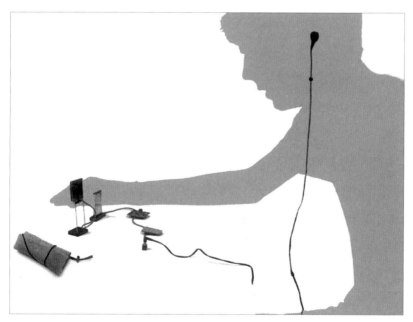

图 9.6

使用中的"袋装手机"——全神贯注

该手机可以快速组装成一个功能性装置，以便拨打电话、发送短信或查看存储的信息，在这种时候，这些活动是全神贯注的（图9.5）。尽管所需时间很短，但是我们的确需要有意识地决定是否使用手机。手机组装后，使用者处理信息和打电话就是一种专注型活动（图9.6）。完成这些任务后，将部件重新放入布袋。就这样，通过抓住物体本质的设计，这一概念提供了一种针对正在进行的活动排除不必要干扰因素的使用形式。它不会突然打断面对面的沟通，也不会在会议或剧院演出中突然响起。冲动型使用情况也会减少，因为组装手机的这一小会儿工夫可能足够让使用者停下来，去考虑是否必须在某一特定时间拨打电话，还是继续当前正在做的事情。因此，在这个概念里，需要组装不是为了方便，而是强调"斟酌使用"，从而减少草率使用的情况。

袋装手机概念（图9.7a）体现了一种兼顾持续升级与"斟酌使用"的方式。不过，我们完全可以用许多迥然不同的方式来体现相同原理。皮夹手机（the Wallet Phone）概念（图9.7b）同样可以实现渐进式升级，而且不需要组装。与袋装手机相比，皮夹手机对部件升级在体积上的限制更严格些，不过使用更方便。口袋手机（the Pocket Phone）概念（图9.7c）与常规手机相似，优点在于可以随着时间的推移对单个部件进行升级。这样，这些概念提供了有意义的选择机会，支持不同程度的斟酌使用方式，它们提供的产品—服务解决方案让特定零部件的制造和升级可以在本地完成。

这种概念具有显著的环境效益。例如，如果若干年内，我们对产品进行九个阶段的渐进式升级，那么我们可以以最少的浪费将袋装手机A改造为袋装手机J（图9.8）。不同于在同等时间内丢弃九部完整手机，使用者仅仅需要更换那些必要部件来升级产品。在这些阶段，由于磨损或者技术过时，若干独立部件（例如，屏幕、线路板、电池和键盘）将需要更换。作为独立部件，它们较之完整产品更易于回收再利用。从展现的例子中我们可以看到，这种设计的结果是，可更换或升级的过时部件相当于1.5到2部手机（图9.9）。假设在常规设计中，为了获得同等科技效益，人们在同等时间内要丢弃九部完整手机，这表示我们大概可以减少80%的电子垃圾。考虑到每年丢弃的手机达4亿部，[35] 这种设计概念可以每年减少约3.2亿部废弃手机，从而大量减少混合、有毒物质的废弃处理。

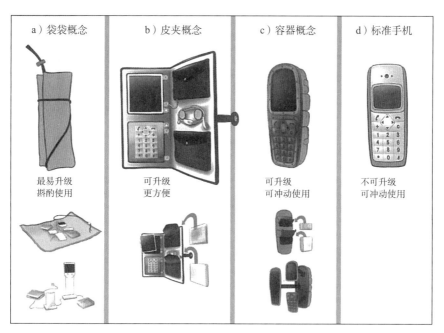

图 9.7
有意义的选择——提供不同程度可升级性与斟酌使用的概念

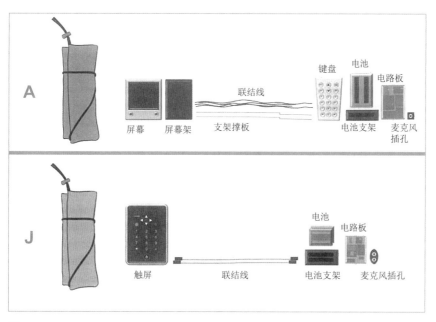

图 9.8
将手机 A 改造为手机 J 的九个渐进式升级阶段

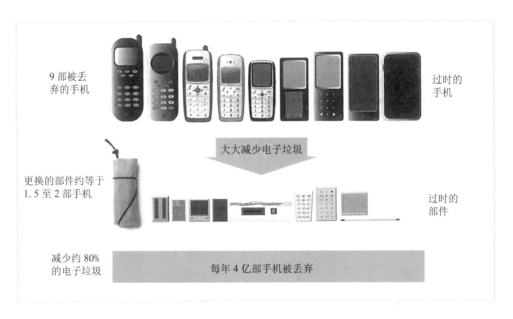

图 9.9
与废弃处置和取代常规手机相比，渐进式可升级性手机概念的环境效益

就环境和社会价值而言，这些手机带来的效益远远胜过常规手机。通过本地服务进行渐进式部件更换，可以减少能源使用和垃圾产生，同时创造本地就业机会。对于这种渐进式升级以及偏重服务型的经营模式，其他行业已经进行过探索。原则上，袋装手机概念与全球最大组合式地板生产商英特飞有限公司（Interface Incorporated）开发的方法有相同之处。20 世纪 90 年代，该公司重新定位企业发展目标，要让经营模式更符合可持续性原则。该公司取消了常规地毯的生产和销售，转而生产可以通过扩展服务选择性地更换组成部分的模块化地毯，并且公司各方面都严格遵守可持续性的最高标准。[36]

当购买一部能长期使用的可升级手机时，人们会明白他们正要购买的产品使用寿命会更长，可以利用最新科技，也可以通过本地提供的服务完成维修和重组。电子部件可能仍然会大批量生产，而其他零件可以在本地生产。例如，便携袋和屏幕架可以用本地材料制造，甚至更复杂的部件和定制型线路板也可以通过使用快速制造和小规模组装技术完成生产。因此，这种概念有益于本地企业发展，也有益于本地生产与批量生产形式的结合。

这种概念还使产品能够反映本土技术和文化喜好，从而促进文化认同感。此外，这种产品会成为个人物质财富更持久的组成部分，让人感觉它值得关心。从概念上看，它不再是一个僵化而寿命短暂的物品，在一个更先进的型号上市之前提供短暂效益。最终，通过看到它们的组成部件、使用方式和可提供的协同服务，人们对物体的了解程度会加强，从而获得丰富的产品体验。

尽管这些概念可能无法适应所有人的需求，但它们的确说明了电子产品发展的另一途径，这一途径似乎可以满足可持续性的许多要求，同时支持更符合专注原则与个人意义理解的使用形式。

这些概念使得实际任务可以实现。它们的组成部件源于科学探究和理性应用，代表我们思维方式中重要的、在当今时代占主要地位的方面。袋装手机概念突出的一点是将未组装的部件装在一个灵活的、有机布袋内。这与目前盛行的逻辑背道而驰，在盛行的逻辑看来，这些部件应该在现成的外壳中被固定好。这种固定的做法很方便，但是容易助长冲动型使用，妨碍改装，让产品具有时间局限而容易过早地被淘汰。通过质疑方便的必要性，产生了另一种思维模式和另一种看待科学进步和不断发展的人类聪明才智的新方式。人们开始关注这样一个事实：单个部件将不断更换和升级，产品能够不断演进，虽然布袋内的部件可能经常被渐进式地改变，但产品本身却是不变的。这种概念还需要专注，我们必须有意识地决定是否花时间来使用该产品，而且每次使用时必须重复同一过程。必须要打开包裹部件的袋子，将部件按顺序排列并以特定方式连接。方便性被一个更具反思性作用的过程所取代，这一过程有助于人们"专注"（focal practice）地使用产品[37]，并且有助于使人们远离冲动型以至于上瘾般的使用方式。

正如我们所看到的，当代电子设备的使用具有强迫性，并且会增强关于自我的执着——认为产生联系就意味着存在，就是有意义的。所有主要哲学传统长期以来的教诲是，通过无私和为他人考虑而放弃自我，这是通往智慧和幸福之路。我们可以从以下这些方面考虑电子产品的有害影响：从可能有害的使用方式，到其生产过程中的剥削性工作方法，再到有毒电子垃圾被倾倒至贫穷国家的行为。所有这些行为都背离实质性的价值。本文呈现的概念倡导了与科技产品之间的一种不同关系，不仅更符合可持续性原则，还有助于培养更审慎的使用方式，而这种方式与内在意义相符合。

10　暂时的物品

设计、改变和可持续

时间没有现在，
永恒没有未来，
也没有过去。

——阿尔弗雷德·丁尼生（Alfrdelord Tennyson）

当我们创造事物时，我们从地球摄取材料。在这个过程中，我们不可避免地改变或以某种方式消耗自然世界。为了修建道路，我们挖开可能历经数个世纪形成的植被和土层。我们将岩石爆破、压碎，开采几百万年形成的碳氢化合物。我们在土地上铺设道路，而这些土地曾为动物提供栖息地，吸收降雨，属于不断变化的自然循环的一部分。这样辛勤的人类活动长期以来显得司空见惯，以至于人们对这些举动毫无愧疚。实际上，我们的语言揭示了我们倾向于如何看待自然环境——我们谈到它的成分时称为"资源"（resources）或有待"开发"（exploit）的"供给"（supply）来源。

今天，我们开始认识到自然是脆弱的、珍贵的，而且不是取之不竭的。然而，让我们走到这一地步的态度仍旧盛行，改变我们的行为看起来艰巨而缓慢。尽管有无以计数的信息显示我们的集体活动对全球的影响，但既得利益和国家之间的分歧一再地导致拖延和不作为。[1, 2] 旨在消除我们活动影响的措施和计划虽然可能减轻我们的罪恶感，但常常毫无效果，甚至适得其反。[3] 一位著名的气候科学家甚至将碳排放交易比作出售赎罪券。[4]

向更加可持续生活方式的改变如果要有效的话，就需要在个人日常行为的层面上发生。可持续不能以一刀切的办法从外部强加。结合国际协议和规定，可持续进展取决于一种可持续文化的形成。要在日常生活层面上实现有意义的重大改变，需要一种新的情感和发展全新的视角。不论我们在社会中扮演什么角色，我们都需要反省自己的活动，并在必要时尝试新的实践。这种改变除了为自然环境的健康带来潜在的长期贡献外，还可以为个人和群体带来诸多益处。

在探索这些想法和它们对产品设计的影响时，本章重点讨论一系列功能性物品的发展，这些物品将未经加工的自然材料同技术部件相结合，将批量生产的组件与本地制造的因素相结合。因此，一些先前讨论过的主题在这里集中呈现，在这个过程中，提案式物品凸显了本地特色和渐进耐久的概念是如何影响技术物品的本质和审美的。在本章中，这些想法体现在简单的电气产品的设计中，后面的各章将讨论它们如何影响电子产品的设计。

按传统来看，设计师关心的领域囿于产品本身。然而，产品存在于一个更广阔的生产、消费和用后处理系统。为了减小这个系统的破坏力，我们需要以代表新的理解和不同优先事项的方式，来改变每一个互相影响的因素。这很困难，因为系统庞大、多面、复杂，而且系统有它自己的惰性，使得它在面对变化时笨拙且反应迟钝。虽然这个系统可能问题重重，但至少它为人们熟知，而且到目前为止，它一直是"奏效的"（worked），尤其在为大众创造经济财富和物质利益方面。从另一方面来说，改变是不确定的，它充满风险且让人感到不适。我们可以通过对系统所产生的问题作出反应，努力自上而下改变整个系统，但是，如果我们并不清楚想要实现什么目标，自上而下的系统改变将一直是渐进的、自反的、零散的、被动的。这种被动式的问题解决方式与我们对于生活新愿景的营造方式截然不同，也与我们发展更积极的前进道路的方式截然不同。[5]

另一种办法是自下而上地解决问题，看产品如何从新的认知中产生并与之协调一致，然后开发出支持产品有效生产的系统。有可能，通过许多这样自下而上的方法和它们的累积效益，我们现有的被证明具有强大的破坏力、非常难以掌控的、庞大的全球化生产系统，还是可以被转变的。

在这种方法中，设计被理解为具有创造性和整合性的思考与行动的迭代过程，它成为更广阔战略变化的一个关键因素。概念性物品或原型不仅是功能和美学的有形表达，而且也直观地显示了启发和帮助引导系统性变革和更新的战略观点。这个更宽泛的设计概念被一些人称为"设计思维"（design thinking），它正在成为当代设计的一个重要方面，成为发生改变的一个宝贵推动力。[6] 然而，"设计思维"这一术语也存在问题，因为它未能说明创造性过程所具有的"思考和行动"本质。实际上，有设计批评家否认"设计思维"的整体概念能成为一个明确的类别。[7]"思考和行动"是对迭代设计过程更为精确的描述。

设计和技术

设计一个功能性物品需要考虑两类主要组成部分。首先，是实现主要功能要求的技术组成部分。其次，是让技术以可用、合意的方式呈现出来的部分。现在，让我们来分别考虑这两个部分，这样我们可以更加明确地认识产品设计师的独特贡献。

就家用灯的例子来说，实现主要功能的技术是某种电力光源。它可以是白炽灯、卤素灯、节能荧光灯或者发光二极管（LED 灯）。随着科学研究的进步，独特而更可取的技术将不断改变。尽管这样，很有必要认识到，这些技术不是被产品设计师而是被科学家和技术人员开发出来的。产品设计师利用技术，在一些情况中，甚至可能影响技术的发展，但技术通常是以科学研究为基础的，这样的科学研究超出了产品设计师的专业知识范围。

此外，一个产品还包括这样一些成分，能够让功能以符合目的并适合预期语境的方式呈现出来。落地灯通常需要一个将灯升到合适高度的支架、一个平衡支架的底座以及一个围绕光源防止光线刺眼的灯罩。这些成分既有功能上也有美学上的作用，它们将技术转变成有用的、富有吸引力的物品。确保整个产品能以经济上可行的方式被制造并销售，就将功能物品转化成了可销售的产品。这些额外的功能及美学成分在这里被称为"设计组成成分"，它们的形式和安排以及"技术组成成分"的有效结合，则是产品设计师的责任。

技术人员和设计师的不同贡献都与产品的有用生命有密切联系。技术和设计的组成成分最终都将过时，但过时的速度不同。例如，白炽灯泡最初于 1879 年由托马斯·爱迪生（Thomas Edison）投放市场，持续了约 130 年，直至 21 世纪的前十年才被更加节能的荧光灯泡所淘汰。[8] 在这 130 年中，家庭装饰艺术的审美则经历了数度改变——从 19 世纪晚期的工艺美术运动和新艺术运动的装饰风格，历经 20 世纪早期风格派和包豪斯等现代主义运动的理性抽象美学，到 20 世纪 80 年代孟斐斯的表面装饰风格，再到 21 世纪初期以楚格设计公司（Droog）为代表的怪诞风格。因此，对于照明产品来说，审美变化速度通常远快于技术改变的速度。对于其他产品而言，例如计算机、移动通信以及音乐产品，至少在技术发展到相对稳定的程度之前，情况可能刚好相反。

显而易见，当产品依赖的技术处于快速发展状态中时，产品更新换代的主要推动力将是科学进步和更先进的技术能力。在这些情况中，设计师在减少产品变化带来的影响方面的贡献将是有限的，除非他的贡献能包括更系统化的批量生产和服务的改变，例如第 9 章讨论的模块化设计和渐进式升级设计。然而，当技术相对稳定，更新换代很可能是出于美学原因时，设计师就能够发挥更大的作用，确保通过自下而上的改变以被认为是"可持续"的方式来设计产品。

设计和变化

　　为了让产品可持续，必须仔细考虑那些直接或间接影响社会经济公平和自然环境的因素。解决方法之一，可以采用减少环境负担的材料和制造方法，生产可持久使用的产品，并保证产品生产中良好的雇佣关系。然而，设计以技术为基础的可持久使用的产品与可持续优先事项之间可能产生冲突。例如，我们的金融系统需要活跃的产品交易，需要产品不断更新换代，以保证经济繁荣，创造和保持就业。此外，即使技术已相对稳定，但可持久使用的产品的设计不能体现发生在审美和品位中相对迅速的变化。与最新版本相比，被设计为长久使用的产品可能最终成为不太节能的产品。如果人们偏好具有更先进技术或风格的产品，而丢弃了这些被设计为长久使用的耐用产品，那么这种可持续设计方法就起了反作用。

　　另一种方法是接受技术和产品偏好的不断改变，并相应地进行设计。顺应改变的设计需要完全不同的策略，这个策略需要更充分地认识到，产品是终将被丢弃或替换的材料的临时组合。这不仅是更加现实地看待产品的方式，而且也强调了与我们活动相关的环境和社会经济因素。首先，有一系列与产品组成部分的设计与规范、制造与使用后的影响相关的环境考虑。从承认改变是不可避免的角度出发来进行创造，有助于确保开发出负责任的、明智的设计规范。其次，一个承认变化的设计过程对整个系统有益，在这个系统中，社会经济发展以创造和保持良好的就业机会为特征。它意味着一个互相依赖的、连续的生产、维护和再制造的过程。因此，这个系统重点强调本地提供的产品维护和升级。这个重点不同于对产品和服务体系的传统定义——力图通过市场化的产品服务组合来实现用户的需求。[9]但它和这样的方法是一致的，即认为产品和服务的组合是一个涉及基础设施改变和系统创新更大策略的一部分。[10]

当为改变而设计时，设计师的决定变得尤其重要。每一个附加到产品上、超出实现功能的基本技术组成部分之外的成分，都将产生一系列与材料获取、能源使用、运输及最终处理相关的环境后果。每一个额外的制造阶段都代表更多的能源使用、浪费和污染——每一次材料被加工组合成产品组成部分时，它们就变得更加复杂，更加远离自然状态，使循环利用或处理更加困难重重。

因此，即使产品处于不断变化的过程中，设计师仍需要考虑如何开发产品以便对环境和社会经济负责。正如我在前些章中指出的，这样一个情境的基础是本土化和"立足本地，本地销售"（site here to sell here）的方法。[11] 在这种情境中，设计师将不得不尽可能使用本地材料，同时认识到复杂的技术部件可能需要在其他地方批量生产。对本地市场的重视和对本地材料的使用减少了对货运、包装的需求，一个整合的批次生产／维护／再制造方法将为本地企业提供更加多样的机会。这一方向承认将本土化和规模生产结合的重要性。它也符合模块化设计和产品升级的发展，并有助于功能产品随着时间变化得到维护和改进。

这种方法对产品设计有很多影响。它意味着一个与目前占主流的全球化批量生产方法截然不同的方式，目前的方法整体上是一种从摇篮到坟墓的资源获取、生产、消费和废弃的单向系统。这里出现的概念将适合本地的设计与以下方面相结合：

· 从摇篮到摇篮的方法；[12]
· 产品服务系统和富有创造性的社区；[13]
· 承认人们材料需求的多样性和异质性的企业模式；[14]
· 创造力和创新的不同形式的巨大潜力。[15]

为改变而设计

虽然在当代全球化生产体系中几乎并不重要，但本土化允许产品从各种与本地相关[16]的积极举措和创新中获益，并由此将产品置于"多元本地分布式经济"（multi local distributed economies）[17]的概念中。

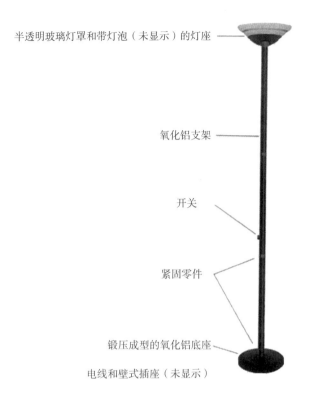

半透明玻璃灯罩和带灯泡（未显示）的灯座

氧化铝支架

开关

紧固零件

锻压成型的氧化铝底座

电线和壁式插座（未显示）

图 10.1
典型批量生产的落地灯图示

在本章的讨论中，参与本土化设计过程的媒介是一系列简洁的家用灯具。这样的物品需要技术成分提供照明，需要设计成分让光照以合适的形式呈现出来。我们只要简单考虑一下如何在我们目前的批量生产系统中设计出这样的产品，就能使我们更好地理解这里讲述的可持续和改变的例子与传统方法的不同之处。

当落地灯是为国际市场批量生产而设计时，设计师将假设出适合这一背景的材料和过程，这些假设将引导设计开发过程。例如，图 10.1 的灯具包括一个半透明的玻璃灯罩、一个锻压成型的氧化铝底座、以及一个氧化铝支架，此外还有各种固定件和配件。这些部分同电气组元件一起被平整地包装好，运输到目的地市场。生产一个这样的产品需要一系列能源密集型过程，包括材料提取、运输和加工过程，随后是将材料浇铸成为部件和装配件的各种制造阶段。一般而言，灯具的各种部件将分层包装，这样到达消费者手中时仍是原初状态。

开发这样的产品，实际上设计师可以位于世界上任何地点。产品的设计以及它的每个组成部分，可以借助设计和样式软件包通过一系列的可视化操作加以确定。这些规范可以很方便地交由可能位于另一个大陆的制造商。制造这样的产品，材料常常来自诸多不同国家，这种做法已成为批量生产设计的常用方法。

现在让我们来看一下坚持先前讨论过的因素的设计过程，包括本土化和为了改变而进行的设计。这样的过程需要了解背景和地点，熟悉本地材料和技能，并认识到生产对于环境和社会经济发展的潜在影响。[18] 在以下概念中，这些设计标准被严格限制，以便挖掘这种方法的潜能。实际上，对于产品设计师尤其关注的额外功能和美学成分来说，这些限制被发挥到某种极致：

· **目的**是发展出一种功能有效、外形美观、适合家庭使用的落地灯概念。这种概念在保持持续使用的同时，还必须要适应变化。

· **技术组成部分**减至最少，并限制到能从本地任何五金店购买到的成品。

· **设计组成部分**——以下条件应用于由设计师定义的功能美学要素：

——设计组成部分减至最少，并限制到完全天然的本地材料；

——如果目前本地无法提供这些材料，可以通过批量生产的方式让本地具有供应能力。虽然"本地"这个说法没有严格的地理界限，为了做到本地提供材料，它被认为是位于设计工作室若干千米以内的地方。

——紧固件也限制为天然材料，采用临时或半永久连接，便于拆除。

——加工：将原材料转化成产品组成部分时，要么不用加工，要么进行最少量的加工。

这些严格的限制有助于确保不利环境影响被减至最小，或者彻底消除，这些影响属于产品设计师工作领域，尤其是与决策领域的功能美学要素相关。

竹子和石头I：在落地灯概念（图 10.2）中，技术组成部分包括一个节能荧光灯泡、一个灯泡接口、一个直插式开关、一个壁式插座以及电线。这些都是现成的批量生产的电气部件，它们：1）适合多种用途；2）可在各处购买；3）易被替换。

在定义额外的非技术成分时，尽可能选择在设计工作室所在地可以找到的材料。其

图 10.2

"竹子和石头 I"

落地灯、原始石材、未经加工的竹竿、生牛皮、手工纸、节能荧光灯、成品电气部件

目的不仅在于要选择本地可以获取的材料，更在于使用天然材料，或容易在本地制造的材料。关键的是，不同于之前讨论的批量生产过程的设计，这里所说的过程不是指用预先想好的材料概念和头脑中的制造阶段来设计灯具。相反，要观察邻近地区并考虑可能用于灯具的各种材料。此外，各种加工程序都控制在最小程度，这不仅减少了能源使用和浪费，同时也确保材料仍旧处于或接近它们的原始纯粹状态。这将使材料在最终回归自然环境时不产生危害。因此，通过观察和提高对本地以及本地天然出现材料的认识，创造性的决策变得对背景更加敏感，也对在没有破坏的情况下本地可以出产什么更加敏感。

设计组成部分包括：

·灯架：设计工作室附近生长着各种竹子。竹子是一种生长迅速的高产植物，可以提供美观合适的灯架制造方法，而且它是完全天然的可再生材料。直接从生长中的竹子上选取一段紫竹砍下并修剪，保留一些竹节用于悬挂电线。

·灯座：考虑到需要较重的底座稳固灯架，最简单的解决方案是用一块大小形状合适的原始石材。在查看附近地点的大块天然石材后，选取一块合适的石头。将回收毛织物制作的一小块毡子垫在石头下面保护木地板。在批量生产设计中，使用一块特别选择的石头完全不现实。然而，为批量生产和本地使用而创造的本地设计则允许使用这样的成分。这种未经加工组成部分之间的天然差别意味着，每一个产品都拥有它自己独一无二的特点。即使采用同样的设计概念，也能创造多种多样的美，并在与地点相关的人工制品中形成异质性，同当代众多"全球化"产品横扫一切的同质性形成鲜明对比。此外，如果是为本地市场设计，那么将这样的产品交付到使用地点是没有问题的，只需要很少的包装，或者不需要包装。

·灯架与底座的连接：寻求不破坏石头或不需要使用很多能源的紧固方式，因此排除在石头上钻孔插入竹竿的方法。牢固的捆绑将是一个合适的解决方案。决定使用未经过鞣制加工的兽皮带子（生牛皮）捆绑。在使用前，将这个天然材料浸泡在水里直到它变软、变柔韧，然后将带子捆在适当的位置上，干燥后的带子缩水变硬，成为紧固结实的连接。本地没有生产生牛皮，但如果将这个产品批量生产，那么这个材料可以很容易地在本地各个畜牧场制造出来。当把这个方案用于落地灯设计时，将一小段绿色竹子插入石头和支架之间，确保后者以合适的角度竖立起来。这是一个克服原始石材表面质地不平和角度不规则的简单方法。

· 灯罩：由一张有褶皱的、随意撕开的手工纸制作。整洁光滑的灯罩脆弱易破，因此将纸张特意弄皱并撕开，可以让它更加耐用好看。将纸张简单地卷成圆筒，然后用两片竹篾固定。

和之前的讨论一致，因为技术组成成分改变的速度不同于其他成分的改变速度，因此灯具的设计让两种组成部分之间只有一个松散的连接，当灯具需要修理、更新或改变时，可以很容易地将两种组成部分分开。技术组成部分简单地挂在支架上，并没有被永久固定，而且因为它们是标准的成品部件，在需要时可以很方便地被替换。所有其他的成分都是完全天然的，加工过程被控制在最低程度。

竹子和石头 II：第二个例子是台灯（图 10.3）。在这个例子里，光源是一个小型的发光二极管（LED 灯），它有着相对较长的使用寿命，并且消耗的能源很少。然而，一个单个 LED 灯的灯光输出要远远少于一般的节能荧光灯或卤素灯。虽然这限制了它的实际使用，但这个概念仍从一个不同的角度显示了设计原则，并采用了不同的照明技术。非电气组成部分仍然是竹子、原始石材和手工纸，但连接竹竿和石头的不是生牛皮，而是天然橡胶绳。

在这两个例子中，对制作非电气部件材料的使用和加工被限制到最小程度（图 10.4）。因此，这些成分最终可以回归自然环境或循环使用，不会产生有害影响。在两种情况中，目标都是尽可能使用最少的手段，创造出优雅的设计。除了第一个例子中也有可能在本地生产的生牛皮带，以及第二个例子中的天然橡胶绳，几乎所有的材料都可以在本地获取。如果这些概念是在本地层面分批生产，那么可以从附近找到最合适的紧固材料。

盒式壁灯：当不再需要上文中的灯具时，未经加工的天然组成成分回归自然或重复利用后，我们还保留着技术组成成分。技术组成成分是为一般用途而不是某个特别产品生产的电气部件，可以很容易地重复用于一个完全不同的、再次为本地生产创造的照明设计中。体现这种概念的例子是盒式壁灯，它的基本组成成分由重复利用的瓦楞纸板简单地剪切而成。将纸板沿着画线折叠，将之前用在落地灯设计中的电气部件安装在上面

（图 10.5），然后再将它挂在钉子上，并用帽子遮盖成为盒式壁灯（图 10.6），或用纸包裹，成为带纸卷外罩的盒式壁灯（图 10.7）。

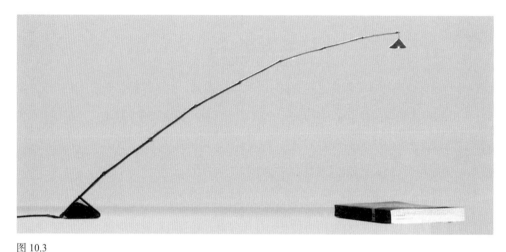

图 10.3
"竹子和石头 II"
台灯、原始石材、未经加工的竹子、天然橡胶、手工纸、LED 灯和成品电气部件

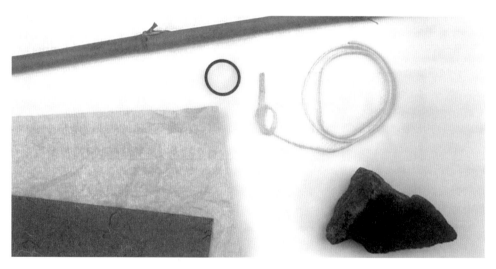

图 10.4
设计组成部分中天然的、加工程度最小的材料

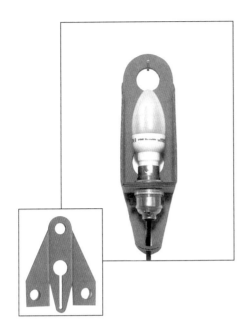

图 10.5

"盒式壁灯"

重复利用的纸板、节能荧光灯和成品电气部件

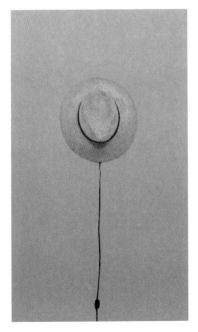

图 10.6

旧草帽式"盒式壁灯"

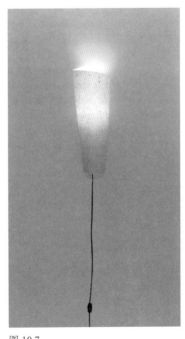

图 10.7

纸卷式"盒式壁灯"

反思

在发展这些概念时，人们曾尝试将技术和自然、批量生产和本地生产、简单和复杂结合在一起。这是互相冲突的优先事项和对比强烈的材料之间的困难结合。然而，这类物品的价值并不完全在于它们的用处是什么，或它们的外表怎么样，而是更在于它们代表了什么。这类批判性的设计通过思辨性设计方案的形成过程，来质疑关于功能产品性质的假设。[19] 这样的物品代表了将所关注的问题转变为有形事物的尝试，在这个过程中，它们的意义得到探索和概括。这种设计工作的主要目的是审视问题、挑战传统，并帮助以新的方式看待和开发物质文化。从这个意义上说，它与战略方向和系统变革有关。它会产生出特别的人工制品，然而传统的设计优先事项——例如功能、工效学或市场细分——就不一定是重要的因素。相反，设计的对象可以是灯、椅子、电话或其他任何种类的产品，它们主要是探索和表达对其他问题看法的媒介。

在这里提出的概念中，关注的问题包括可持续性观念和为改变而设计的观念，以及本地语境和全球化远程批量生产之间互相依赖的世界。"本地"意味着熟悉、小规模、对地点的适应和敏感。"全球化"，就生产能力来说，提供精确、标准、精密和复杂的过程及材料；它同时也是疏离的、不熟悉的，并且它的影响常常是高度破坏性的。当我们舍弃本地选择全球时，我们容易付出较高的环境和社会代价，但就物质利益和经济标准来说，也可以有极大的收获。当工业化和国际贸易以各种方式改变我们的生活方式，提高我们的生活质量，我们也日益了解它们的破坏作用，开发出新的非常不同的发展方式变得十分重要。这些方式不仅承认技术进步和全球化生产的优势，同时也更加重视本土化和针对背景的解决方案可能带来的潜在环境和社会效益。[20] 这里提出的概念体现了将本地和全球生产模式结合，以开发出更加可持续的方式。它们试图指出一种方向，同时利用两者并将两者整合，从而获得益处并繁荣发展。当然，这种整合的准确性质将是不断地妥协，是涉及材料获取、生产方法、供应链、产品分销、使用和维护在内的跨越本地、区域、国家和国际范围的活动。然而，这里形成的提案探索了将"本地"与日常消费品相结合的方法，它表明了设计和产品美学的潜在影响。

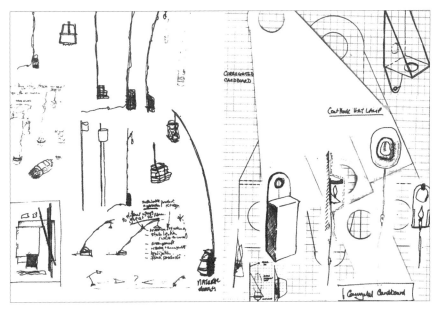

图 10.8
发展过程草图和研究模型

设计过程不只是用来阐明以前形成的想法，指出这一点也是重要的。如果设计的思考和行动过程要对我们的理解有所裨益，它就必须是创造性的，而不仅仅是说明性的。在这里开展的探索中，探讨过程始于设计一个落地灯的想法，并利用这个想法作为探寻有关设计、改变和可持续问题的方式。在设计之初，没有对材料的使用或形式作出预设，它们在对本地环境的观察中逐渐显现。通过迭代的选择、反复试验以及绘制草图的过程，设计才得以成形（图 10.8）。在这个过程中，出现了依赖本地可获取的材料并以其为特色的形式。竹子和石头落地灯Ⅰ号的完成自然而然地引起了以不同规模尝试同样原则的想法。在第二个物品，即竹子和石头Ⅱ号中，轻巧的触感被进一步强调。这个例子中，使用了更适合较小规模的略微不同的材料（天然橡胶）和不同的照明技术（LED），低压技术允许使用裸线而不是塑胶线，这有助于减少材料的使用，便于其循环利用和保持审美的轻盈感。在所讨论主题的背景下对这两个物品进行反思，例如，技术稳定情况下的审美改变，带来了以一种完全不同但同样"轻盈"和"可持续的"方式使用同样的电气部件的想法，这产生了成为盒式壁灯概念基础的纸板支架，以及用重复利用的草帽或纸卷制作的灯罩。

因此，设计过程是一个发现的过程，可能出现不可预计的转变或方向。每一个步骤都是被之前的步骤引发，创造性过程正是这样发展的。然而，这样的过程虽涉及偶然，但它不仅仅以意外机遇为基础。设计师的偶然连接和关联发生于全身心投入的过程，在这个过程中，设计"行动"和对关注问题的思考及研究一同发生。这种思考和行动的共生过程使对关注问题的思考能指导"行动"，而行动和对行动过程及结果的反思又会影响一个人对问题和设计含义的理解。最后，这些探索并不是将设计看作一个解决问题的过程。在此，设计被看作是积极的、创造性的过程，是发现机会并开发出令人满意的负责任的发展方式的过程。这代表了一个远离之前普遍接受的关于设计目的及价值概念的重要哲学转变。

发展一个整合的生产系统

上文指出的方向将资源使用和浪费最小化，同时也承认了技术进步的重要益处。表10.1体现了这一点，并标示了每个临时物品组成部分的潜在命运。通过采用以下设计方法可将消费品的浪费大幅度减少：在后期设计中重复利用之前的组成部分；使用完全天然的、未经加工或最少加工的材料，将组成部分无害地回归环境；或确保组成部分由最少加工的单一种类材料制作，便于回收利用。

表10.2显示产品随时间流逝发生的转变。从竹子石头落地灯 I 号（第一栏）开始，这个物品经历了维修转变（第二栏），其中纸质灯罩被替换。下一次转变是设计升级为盒式壁灯（第三栏），其中设计组成部分被替代，但所有的技术组成部分都被重复利用。最后的转变是以 LED 组成部分为基础的技术升级（第四栏）。在每一个阶段，增加的或丢弃的组成部分都被显示出来。这些转变共导致九个组成部分被丢弃，其中三个组成部分——石头、竹子、生牛皮是未经加工的天然材料，可以回归环境，不产生有害影响，另外三个纸制的组成部分可以回收，还有三个组成部分是可以很容易被重复利用的通用电气部件。通过对比，在同一个时期丢弃三个完整的照明产品，如图10.1所示，每个产品包

括十个主要部件，将导致约三十个配件被送到垃圾填埋场。因此，这里提出的概念将使被丢弃的组成部分减少约 70%，正常情况下被送到填埋场的部件有可能减少约 100%。

表 10.1　短期使用物品概念的"可持续"特点

短期使用物品	技术组成部分	技术组成部分的潜在未来	设计组成部分	设计组成部分的潜在未来
竹子和石头落地灯 I 号	成品电气部件	易于在其他设计中重复利用	未经加工的天然材料：石头、竹子、兽皮	回归自然环境，不产生有害影响
			手工纸	回收
竹子和石头台灯 II 号	成品电气部件	易于在其他设计中重复利用	未经加工的天然材料：石头、竹子	回归自然环境，不产生有害影响
			天然橡胶绳 手工纸	重复利用于其他用途或回收 回收
壁灯 盒式壁灯	成品电气部件	易于在其他设计中重复利用	重复利用的纸板	回收
			手工纸	回收
			重复利用的草帽	重复利用于原始用途

　　一个整合了批量生产和补充性本地生产及服务的系统将意味着我们的商业企业概念发生了重大改变。它意味着重心不再是整体产品的批量生产和全球化分销，而是更加强调批量生产产品部件和模块式生产，从而让组成部分能在本地及区域的用途中被使用和重复使用。这意味着一种生产和服务关系，在这种关系之下，大型组件生产商和本地企业之间发展了有效的供应链。这样的系统改变同生态经济学 [21] 研究以及解决环境和社会可持续问题时出现的研究相一致，解决这些可持续问题要通过后物质主义概念，[22] 要利用设计作为重大社会和技术改变机制。[23]

　　也许更重要的是，这样的系统更加明确地认识到物质文化转瞬即逝的本质，并建议了一个可行方法：

表 10.2　短期使用物品——随时间变化发生的产品转变

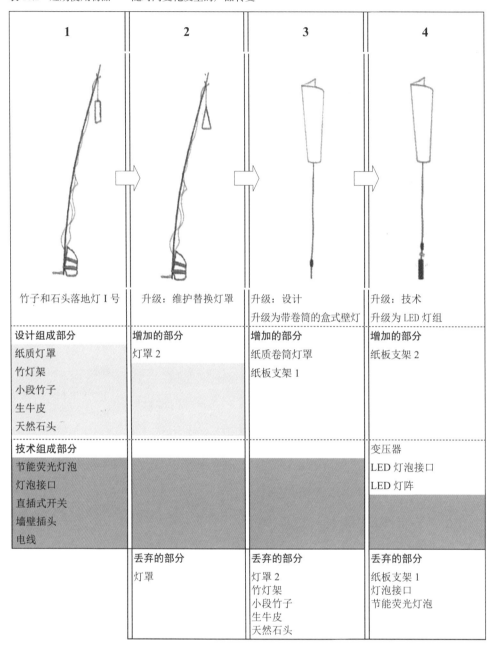

1	2	3	4
竹子和石头落地灯 I 号	升级：维护替换灯罩	升级：设计 升级为带卷筒的盒式壁灯	升级：技术 升级为 LED 灯组
设计组成部分	**增加的部分**	**增加的部分**	**增加的部分**
纸质灯罩 竹灯架 小段竹子 生牛皮 天然石头	灯罩 2	纸质卷筒灯罩 纸板支架 1	纸板支架 2
技术组成部分			变压器 LED 灯泡接口 LED 灯阵
节能荧光灯泡 灯泡接口 直插式开关 墙壁插头 电线			
	丢弃的部分 灯罩	**丢弃的部分** 灯罩 2 竹灯架 小段竹子 生牛皮 天然石头	**丢弃的部分** 纸板支架 1 灯泡接口 节能荧光灯泡

· 对环境的关心成为固有特性。从附近获取的自然材料将被谨慎使用、重复使用，因为不这样做就是恶化自己的本地环境。

·创造性、生产性的工作与社区、文化、身份的联系变得更加紧密，同时承认大规模"全球化"生产的价值。这将有助于促进对相关方面十分重要的实践。而且，重要感当然能赋予我们的活动以意义和快乐。[24, 25]

这样的系统将支持负责任使用的理念，丢弃材料将被视为低效的、有害的、浪费的。此外，本地制造和服务将使人们更好地理解物质产品的性质、产品从何而来、如何制作、产品的反响，以及如何调整或再调整产品以满足不断变化的需求。

这个方向同设计和创新的大众化形式一致。有合适的成品部件可用就相当于有冯·希佩尔（Von Hippel）所说的"工具箱"——由制造商生产的、非专业人员可用来制作满足其需求的订制产品。[26] 将全球化和本土化负责任地整合在一起，意味着可以利用两种生产规模各自的优势提出与背景相适合的可持续解决方案。通过这样做，它们将有助于克服全球化单一解决方案引起的同质性和文化侵蚀。[27, 28] 这个方向也许同主流的商业力量相冲突，但它与负责任的社会和环境发展一致——从服务系统到社区主动性再到微型金融银行。哈梅尔（Hamel）将这样的组织和社会系统称为"积极的偏移"（positive deviants），并将它们看作未来商业管理和战略改变的关键因素。[29] 在努力实现这种转变时，跨国公司将获益于草根阶层迸发出的创造力和文化多样性——它将在其他地点带来适应背景的解决方案。此外，对本土化的更大认可实际上可促进经济，[30] 同时确保生产实践符合地方就业和环境立法。因此，这样的实践开始将制造业的许多社会经济和环境后果内化。最终，一个以多样的、适合本地的、与复杂技术组成部分的供应相关联的生产和服务企业为基础的经济，其本质是多样的，因而比今天非常盛行的相当同质化的全球化产品制造方法更有活力。如此单一的文化，本质上是脆弱和不稳定的。

因此，从各个方面来说，正如在本章以各种简单的照明概念举例说明的那样，"短期使用的物品"似乎能够通过一个整合的、负责任的地方和全球体系不断调整，因而可以被判定是可持续的。然而，是否能将这样的方法用于大量短期使用的、依靠科技飞速发展的、对现代生活方式和现代经济必不可少的产品，仍旧是个问题。这个问题如何解决将是下一章的主题。

11 世俗意义

美学、技术和精神价值

小圈和大圈一样都是无限的；虽然它们都是无限的，小圈却没有那么大。

——G.K. 切斯特顿（G.K.Chesterton）

正是通过设计决策，我们对经济学、伦理学以及精神价值的哲学思考才实现了在世俗美学中的表达。这些决策表达出我们对待自然环境、彼此和自我的态度。但是，这些态度是如此的司空见惯，隐于常规之中，人们很难发现态度的真实面目，也很难想象差异的存在。为了获得更加清晰的视角，有必要走出自己的小环境，去欣赏来自不同文化、不同历史时期和不同思路的设计范例。通过了解不同背景文化中的观点和价值取向以及它们如何导致迥然不同的结局，我们可以以全新的眼光来反观自身的行为。

在本章，我会讨论一些设计先例，每个例子都说明，本质性的价值取向和深层的意义是如何影响有形器物的创造的。反思这些先例，可以拓展我们对产品的理解，尤其是就它们的非工具性因素角度而言。随后，我们通过创造性设计过程，尤其是通过电子设备的设计，进一步探讨这些思想。这将产生一系列功能性物品，它们受到隐性知识和美学思考的影响，并综合了工具理性、非工具理性及表达性的因素。此外，在开展这些提案性物品设计的过程中形成了一个认识，即基于微芯片的功能性，实物形态与产品功能的关系已不那么紧密。

以上研究表明，电子物品的美学表达关涉的因素更广泛、也更深刻，其有些关涉方式是当代批量化生产还远未认识到的。这些联系变得越来越重要，不仅因为这些设备的生产在可持续性方面有很多问题，同时正如第 9 章所述，还因为和它们自身设计相关的使用特征正带来侵蚀我们伦理和精神自我的威胁。[1]

不可言传

维特根斯坦（Wittgenstein）曾经断言：伦理学、美学和形而上学的一些命题是无法用语言表达的。[2] 很多传统思想 [3, 4] 也承认这种心照不宣的认知方式，即能够通过内在感知、感官感觉并认识到，但却无法用语言描述或表达。[5] 对于设计之类以实践为基础的创意学科而言，这些理解是必不可少的因素，因此，它对针对当前关心的问题发展出适合本学科的方法来说是非常重要的。

创意活动需要深深地沉浸到过程中。这种注意力高度集中的参与方式曾被称为专注性实践[6]或专注性流程[7]，有些类似于心灵的修炼，要求心思凝聚[8]，"心神合一"[9]。这需要不断修炼，或许多年以后才能有所成就，留下具有某种美感的作品。在这些修炼活动中，很多决策和行为都出于本能，是基于对作品正在出现的美感进行思考而作出的鉴赏判断。此外，正在形成之中的作品所具有的审美体验是对其内在特性进行感官体验的结果，也是将其作为重要而有价值的事物（也就是在特定文化中被认为值得关注的事物）进行深思的结果。[10]这样的审美判断是参照整体但并非完全明晰的目标作出的，并根植于更广阔的背景理解之中。这可能导致一件作品在美学品质层面实现了修炼者的意图，而他（她）却无法用言语解释为何如此，因为如上所述，人类理解的某些方面只能意会而不可言传。具有做出创意决策的能力，完全无法等同于有能力用语言阐述创意决策，而缺少用言语对设计加以表达的能力与设计创意能力并无关系。

功能物品，美学和精神福祉

当某一器物被认为具有审美价值时，这就赋予了它某种程度上的内在价值，而不管它的用途或用法如何。同时，只要它提供了实际的好处，也就有了本身价值。左右器物价值的这两个要素，影响着人们对器物的判断。此外，我们在第3章已经提到，有一些"外部"因素，包括人们对自然环境和社会影响的考虑，也会左右我们的判断。

以上两个因素相互依赖。人们对器物的审美感知，一部分归因于生产中使用的材料和制作工艺，这两者都包含着伦理和环境的维度。再者，对伦理问题的关注和理解不仅和社会福祉相关，还和个人精神福祉的感觉相关，和生命在与自身、社会和环境的关系中得到肯定有关，同时也和个人的超然感有关。[11]因此，我们关于物品的生产、使用和废弃对自然环境、他人和自己的影响的理解，以及对这些方面是如何在产品中表现出来的认识，都会影响我们如何"看待"这件产品。

因此，一系列关系的出现，把在我们评价一个物品的过程中起到主要作用的外观因素与社会、伦理、环境因素以及实质价值和精神福祉联系起来。虽然，在精神和伦理之间，或者在精神和观念（何为有价值、有意义的良好生活）之间，并没有必然的逻辑联系，然而，数个世纪以来的精神传统，确实不断解答着人类幸福或伦理的问题。[12] 正如我下面将要讨论的那样，由于特定精神传统的作用，人类的外在行为、美学感悟及伦理和精神的福祉之间，确实存在很强的关联。

当然，为开发出感觉新颖、形式别致的物品，我们需要脱离当前的规范。要实现这个目的，我们要质疑那些描述设计目的的惯用术语，甚至将它们搁置一旁，以培养看问题的全新视角。通常来说，设计构思源于问题的提出和寻找解决问题的方案。但是，在当今的文化背景中，这些"解决方案"表现为大批量生产的产品形式，已经产生严重危害，在帮助我们获得幸福方面也表现得不尽人意。[13] 如果我们认为自己正在形成预设"问题"的"解决方案"，那么设计目标就可定格在一成不变的模式之中。显然，这种想法是站不住脚的，因为科学和技术的迅速发展会使得这些产品很快过时。虽然如此，这个想法仍然很流行，并把设计束缚在过时的本体论框架中。

反之，不论是将设计作为过程还是结果，我们都可以用表现出完全不同感受的方式来表达设计。如果我们把设计理解为一个探究可能性的持续过程，我们就不再将设计的不同结果看作"解决方案"，而是看作权宜之计的有形表现，只能提供短暂的利益。以这样的方式思考设计的结果，我们就把设计结果置于更宏观的参照系中，从而让我们认识到，短暂的好处意味着长期的环境退化和社会剥夺，同时也有违个人有关自我意义和自我实现的认知。在这样的反思下，我们还会认识到，功能性物品不仅是受缚于精巧的美感和新奇的社会标志这两者的功利主义"解决之道"，而且是在不断发展的感知领域中对人类意义进行的更全面的表达。

设计先例

　　尽管制造业科技发展很迅速，现在基于微芯片的商品生产仍然牢固地建立在保守和过时的工业实践基础之上。这些过时的传统，现在已经发展到全球各地，将短期数量的增长置于长期增长和可持续战略之上。为了追求更具建设性的方向，我们的视野要超越当前居于主导地位的工业环境。如要追求更明智的方向则更是如此。虽然我们有很多范例可以引用，但我们选择了四件体现人类生存不同方面的产品，这些方面在当前的科技产品中基本都未得到体现。

　　美国西南部的祖尼石偶雕刻（Zuni stone fetish carving）和日本的侘寂美学（Wabi Sabi）都是根植于精神感受和与自然世界息息相关的物质文化之典范。第三件是工业革命时期在英格兰西北部建成的水坝，是技术、工程与自然在原地和谐共存的例证。最后一件是安德烈·布兰奇（Andrea Branzi）的系列作品格兰迪·勒尼（Grandi Legni）[14]，展现出超越传统建筑和设计限制的现代方式。对这些先例及其体现的观点和价值观的思考，为我们奠定了极具启发性的基础，由此为基于技术的商品找到更多明智的设计方向。

　　祖尼石偶雕刻：美国西南部祖尼部落的石雕小熊（图 11.1）是一个古代物品的现代例证，这一物品所表达的价值观和观点与现代实用的电子设备毫不相关。对于特定的北美原住民来说，这种物品象征着我们在自然中观察到的奥秘。它们代表了动物或其他神灵，用于召唤这些神灵的智慧或寻求神灵的保护并影响事件的发展。[14]

图 11.1
祖尼熊雕，新墨西哥，美国

在当代经济发达的文化中，这样的信念经常被错认作迷信。但是，它们代表了复杂的神话和宗教传统中源远流长的观点，在历史上这些观点旨在保持平衡观念，并实现自然的不同层面之间的和谐。为了实现这一点，社会认同的故事和法则强调合作、道德行为、尊重祖先。这种世界观的重要一点就是所有万事万物息息相关。[15] 我们在这个例子中看到了与当前的可持续问题极其相似的情况，特别是其保持世界稳定状态以延续人类幸福的中心主题。

这种世界观还与洛夫洛克（Lovelock）的盖亚假说（Gaia Hypothesis）产生了强烈的共鸣，盖亚假说强调自然世界中所有生命元素和非生命元素的整个体系的相互联系。的确，洛夫洛克对盖亚有限性的本能理解看起来和这些传统理解非常相似。[16] 祖尼石雕是对这些思想的认可和外化的表达。不同的元素，比如说箭头、石头和贝壳，被用力固定到雕刻中。这涉及日常生活的不同方面，比如说狩猎、疾病、天气或者收获，相信石偶雕刻的力量会影响事物发展这一信念赋予这件物品以意义。但是，在传统上，这些物品发挥"作用"的重要特征就是，如果期望的结果并未实现，责任并不在于这些物品本身及其所象征的精神。相反，错误将归咎于物品主人的行为。这样，这种石偶雕刻就成了举止得体、被认为光荣正确的道德价值观和生活方式的有形提示。因此，责任在石偶持有者一方——物品本身并不直接或"神奇"地发挥作用。[17] 其他传统文化也对物品赋予了类似的意义。[18, 19]

侘寂美学：日本人的侘寂美学代表了在禅宗佛教的传统中表达热爱生命并承认生命脆弱和转瞬即逝的努力。侘寂建立在谦卑、简单、克制、自然、缺点以及无常的必然性这些原则的基础之上。它更强调感性而不是理性理解，而且认识到所有事物都处在不断的流动状态。侘寂表达出短暂、忧郁之美的存在——在事物出现和消亡之间的短暂阶段，这可以是一朵花、一个物品或者人生。[20, 21] 这种转瞬即逝的感觉在 12 世纪的诗《方丈记》（Hojoki）提到不断变化的天际线时表现最为典型。虽然城市和城市中的人依然存在，但单个建筑却随着人群中的面孔来去匆匆。[22] 认识到这固有的流动性将不可避免地让人感伤，因为我们几乎同时体会到当下的活力和易逝。

科恩（Koren）认为侘寂的特征和战后的现代主义几乎是两极对立的。以极简的完美主义为主要特征的战后现代主义仍然控制着消费商品和当今建筑的广大地盘。这种美学通

图 11.2

侘寂美学，酒盅，托默·森本作品，兵库县丹波市，日本

过纯几何形式和合成材料表达出技术进步冷静而精确的理性主义——一种简明、简化和控制的美学。相比较而言，呈现出侘寂美学的物品往往以技巧缺乏、材质粗糙、褪色、不完美的优雅和不对称为特色。但和祖尼石雕不同的是，它们没有任何象征性的内涵。相对于同质化量产的产品，此类物品淳朴自然、多种多样而且独一无二，如日本兵库县丹波市的陶瓷杯（图 11.2）所展示的那样。侘寂意味着牢牢把握当下的直觉感受，而且和今天广为接受的假设形成鲜明对比的是，它认为进步是不存在的。天然材料和有机形状的使用可以有效缓和侵蚀，而不会影响整体的美学；的确，损坏会增加这些物品的表达张力。这种美学也主张扩大而不是减小感官欣赏，因为它轻松地适应了模糊性和短暂性。但是，和大多数当前的方式不同，功能和实用并不是侘寂美学最重要的考量。[23]

　　这些美学特征不仅是众多风尚中的优选风格，而且也是整个方式的外在表达，这种方式包括形而上的理解、精神、福祉和伦理行为。侘寂根植于对自然的观察和万事万物都转瞬即逝的观点。[24] 它强调与当下事物本质之间本能而直接的情感交融，而且证明了稍纵即逝、瞬息万变的当下的重要性。用这种方式欣赏这些普通、平凡的事物的本质并不会与一个讲求效率、度量和目标的体系相融。在专注其中的瞬间，有一种无法言说的瞬间消逝感，在这种感觉中世俗和精神是同等重要的——彼此并无区别。[25] 因此，虽然侘寂并不一定和明确的精神物品有关，但这种美学哲学承认在事物的制作过程中精神价值的重要性，以及物质事物的本性的重要性。它把外在行为、美学表达、伦理和内在含义紧密结合起来。

日本的茶道是这种美学哲学的体现，就其视觉表达形式和所包含的特定行为方面来说都是如此。茶道被当作一种精神文化，一门需要强烈道德几何学的学科。在茶道中，日常生活的普通物品受到欣赏。这同时通过美学感觉、伦理和精神表达出一种关于人性和自然的意义深远的视角，它根植于和谐、尊重、纯洁和宁静的理念。[26]

在探索危害性更小的现代产品设计和生产方法这一过程中，侘寂的内涵意义深远。接受存在的事物本质上的转瞬即逝，不管它们有生命还是只是人造工艺品，强调过程而非结果的重要性。承认这些工艺品是，而且可以被设计成瞬息万变的存在状态，则表明了诸如"定义""完成""解决方案"等说法的局限性。这些说法代表着变化的停止。[27]此外，强调过程而不是结果意味着某种谦逊的态度。这说明明确、持久的解决方案通常是不切实际的。相反，工艺品被认为处在持续变化的状态——材料会被侵蚀、损坏或变得过时，会被替代、更新或以某种方式改变。

艾比斯特德（Abbeystead）水坝：和之前的范例不同的是，艾比斯特德水坝是工业时代的产物，是完全基于工程原则建成的。但是，尽管要以满足它的实用性目的为前提，该水坝使用的材料、采用的建筑类型和规模，以及对选址的敏感性，一致表明大型、高度实用的项目也可以和自然产生共鸣，并以尊重自然的方式建造。

艾比斯特德水坝（图 11.3—图 11.5）坐落在威河上，位于兰开夏郡乡下腹地的博兰德森林（Forestof Bowland）地区。水坝建于 1855 年，当时正值工业革命的顶峰。水坝后来扩大，可以给下游工厂提供水源。[28]这是人造物融入自然环境中的典范——它们紧密结合，相互依赖。令人赞赏的不仅是水坝的实际用途，还有它不断累积的肌理感和作为一件事物不断变化的存在感。水坝不断地被流水、冰和其他物质冲刷。它的外表在改变，它在褪色，在不断受到侵蚀，逐渐堆积林地的碎屑，缝隙中绽放出花蕾，表面结成了蒸发岩和地衣的硬壳，周围长满苔藓。不朽的形态让它可以吸收这些物质经年的累积并染上岁月的颜色，成为兼具功能性和美感的事物。

图 11.3
艾比斯特德水坝下的幽暗山谷，博兰德森林

图 11.4
水流溢出，艾比斯特德水坝

设计的精神
THE SPIRIT OF DESIGN

图 11.5
底部水流溢出，悬于坝上的树叶——艾比斯特德水坝

见到艾比斯特德水坝，人们会惊叹于它斑驳忧郁的魅力。水坝不断改变的外观和它的功能是不可分割的，这让我们联想到我在引言中提到的两个重要但经常相互冲突的考虑因素。一方面，这个位于乡村的建筑安静地诉说着工业和帝国的故事——那些棉纺厂和曼彻斯特的烟囱，也就是查尔斯·狄更斯（Charles Dickens）笔下的《艰难时世》（*Hard Times*）。[29] 另一方面，它也让人想起形成对比的湖畔诗人的浪漫。在这儿，它们共存，形成不可分割的整体。

由此，艾比斯特德水坝是与环境浑然天成的人造物典范。现在，在它实用性和美学的成熟时期，它创造了一个充满感召、思想、历史感和文化感的特殊地方特征。作为自然人，我们不可避免地具有实际的需要，这些需要通过创造性的努力，以合理化的、具有技术性的建设方式表达出来，并实现了与自然环境的融合。尽管环境自身必定会发生一些改变，但我们不能回避这个事实，即人类的需要不可避免地侵入并改变自然。但是，这里的改变却充满了对环境的移情，而且这种改变在很多方面改善了自然环境——创造出新形式的栖息地，例如湖泊和湿地，供鱼类、水禽和植物生长。艾比斯特德水库可能不是我们平时提到精神及其所涉及的宗教意义时所想象到的那种精神场所。但是，正如侘寂美学的哲学一样，世俗和精神的共存通过功能、美和对自然的移情这三者的和谐统一而实现了。

建筑师克里斯托弗·戴依（Christopher Day）认为，对于创造一个和谐的建成环境来说，一个地方四个层面的因素必不可少：物理的物质、时间的连续或流动、情绪和本质或启示。用这样的方式考量一个地方，就承认了我们的世界不仅仅是物质的；世界是有生命的，充满了有知觉的动物和可以受理想启迪与激励的人类。[30] 所有这些元素都在艾比斯特德水坝上表露无遗。

格兰迪·勒尼系列作品 （Grandi Legni）

意大利设计师安德烈·布兰奇（Andrea Branzi）的系列作品格兰迪·勒尼中有一些巨大、神秘、难以分类的物品——图 11.6 和图 11.7 是其中的两个例子。这些物品介于

图 11.6

Grandi Legni GL 01

安德烈·布兰奇作品 老梁、铁艺、落叶松橱柜

长 300 厘米、宽 18 厘米、高 205 厘米，瑞·特谢拉于 2010 年拍摄（经授权转载）

图 11.7

Grandi Legni GL 02

安德烈·布兰奇作品 老梁、落叶松橱柜

长 320 厘米、宽 28 厘米、高 270 厘米，瑞·特谢拉于 2010 年拍摄（经授权转载）

建筑物和家具之间，由古老的木梁、落叶松木橱柜、金属支架甚至还有鸟笼组成。它们有着古老、神秘的特征，让人想到那些记忆面纱后面的、没有记入历史的远久而被遗忘的真理。

本质上，而且可能看起来会很令人惊讶，这些物品是对微芯片技术带来的功能的回应。但是，布兰奇并未寻求虚拟与物质的融合，而是寻求有些距离感的互补性。当数码功能让物质的大部分功能丧失，让设计理念毫无用处的时候，布兰奇认为设计惯例已经过时而且有名无实，因为它们缺乏了神圣感。因此，设计实践会不断重复同一个主题的不同变体——重复那些无法回应新技术带来的巨大改变的形式。[31] 这些技术带来的虚拟环境和数字化功能把物质对象从实用性的限制中解放出来，让它们能够解决更多的实质性问题。物质的设计成了世俗和意义之间的中介——成为回顾与表达历史、神话和人类精神的渠道。从世俗的功能中解脱之后，设计可以解决虚拟化所欠缺的诸多问题——真实和有形、规模和重量、质地和手感、年代的光泽、风化和侵蚀、与地球的联系以及不断腐烂的肉体和精神之间不可言状的纽带。通过具体的物质性和天然元素这两者独特、不可复制的特点，布兰奇试图建立起物质世界和人性的深层、神圣方面的联系。

设计的实质性基础

祖尼族的崇拜偶像，侘寂美学的作品，艾比斯特德水坝和布兰奇的格兰迪·勒尼系列作品，源自不同的文化和历史时期。虽然每一个都强调物质文化的特定方面，但它们统一表明了用设计解决当前问题的强大的发展方向。

从这些例子中得出的见解和思考可以让我们更了解产品设计，并引导产品设计的方向。显然，对爱护环境、社会公义和道德责任的考量必须成为产品设计内在的系统性因素，而不是常常可以轻易忽视的可选插件。但可能更重要的是，作为一种预示这些考量但又与其相关的根本性改变，我们必须找到合适的方式将更为深刻的意义理念注入设计中，以便在我们的物质文化中恢复并反映出我们充分的人性意识。

把这些思想转化成明确的公理、目标或标准，不如吸收它们的主旨和精神，让它们在创新过程中影响设计开发。这就是为什么我们需要认识到，在设计这类以实践为基础的学科中，过程本身对于新理解和新方向的形成与表达是至关重要的。

提案式物品

设计探索经常和理论观点及对上述先例的审视同时进行——在图 11.8 一些提案草图中可以看到。最后得到的物品与先例的特定观点和结论可能只有些微关系，但是却和它们的整体本质和气质紧密相关，并被希望可以反映出这些本质和气质。因此，这种方式是综合而不是分析；这不仅完全适合以设计为中心的调查（表 6.1），也和侘寂美学的理念一致。[32]

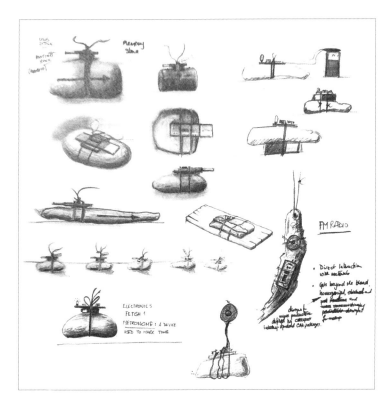

图 11.8
提案式设计
发展草图

这些提案式物品和那些先例的关注点有几分不同，它们致力于解决与电子产品相关的可持续性和意义的问题；而且和布兰奇的格兰迪·勒尼系列作品不同，它们整合了这些技术。通过创新实践，目标是要发现量产的电子产品与独特的、很少处理或纯天然元素之间可以在本地实现的和谐的美学关系——并非通过整合，而是通过松散连接的并置方式实现。这就造就了以本土化与量产，自然与人工之间的视觉分离为主要特征的美学体系。这种分离承认不同种类部件之间的差别，包括生产规模、过程和影响等方面的差异。这也允许它们在使用后被物理分离——天然元素良性回归本地环境，量产元素实现再利用或再加工。

在物质文化的有意义的发展中，这种方式解决了许多关键方面的问题，既蕴含了增量改进，也蕴含了迅速变革。它承认量产的部件在实现功能性时的必要性、暂时性和影响，同时承认这些部件的使用寿命可以通过拆卸和再利用的设计延长，其影响可以在制造实践中通过增量改进的方式减小。而且，如我们在前面章节所讨论的，这种方式也认可本土化的潜在好处。然而，虽然它们很重要，但还不够。除了这些世俗的好处之外，我们物质文化的特征必须反映出与自然、现场以及人之间的新情感和新关系。在这些提案中，有人试图通过材料（特别是天然元素）的选择和整体美学组成的方式，将这些思想蕴含其中。使用海岸线上的石头或林地上的木头，不仅代表了不具侵略性的精神气质，也让每件物品变得特别，因为没有两块鹅卵石是完全相同的。布兰奇指出：这给每件物品注入了近似于神圣的特质，这种特质是技术所无法复制或给予的。[33]

这让我们可以进一步理解物质世界。在这样的世界里，虽然功能性很重要，但物品的意义超越了功能性。如前面章节提到的，这种设计方式假设了一种完全不同的生产系统，造就了把量产和本地元素相结合的新乡土性。换句话说，这些物质文化会成为整体文化中有意义的一部分。因此，这些提案式物品关注了不同层次的意义。通过减小对自然环境的损害，它们提出了意义的基本概念，即我们的生理需求。通过建立一个以生活或生活条件为内在考量因素的系统，它们提出了对意义的道德理解。而且它们有助于形成身份感、归属感，甚至是神圣感的文化意义。这种意义有益于精神福祉，而精神福祉部分与生命对自我、社区和环境的认可有关。

设计的精神
THE SPIRIT OF DESIGN

然而，这些提案式物品并非作为当代量产的替代性设计"方案"提出的；这样做既不合时宜，又会事与愿违。具有丰富文化内涵的物品，不能像消费文化中那些量产的统一解决方案一样脱离情境而创造。相反，这些物品指出了潜在的发展方向，这个方向随着时间的发展必然会出现，并根据本地情况发展，以满足本地的需要和喜好。那时，功能物品就可以反映与特定文化或个体相关的意义。因此，这里的提案式设计可以被理解为体现了物品可能的呈现方式。功能性电子产品开始摆脱诸如隐匿个性、追求美学完美和渴望不可修复的新奇性等做法的束缚，这些都是一个过时的时代中具有破坏性、不可持续的、完全无法使人满足的优先考虑项。

这些提案式物品的特定功能并非最重要的，其主要的关注点在于综合的审美效果，以及此前的范例已经显示的内容，即对于感官欣赏和物品意义的拓展。

·节拍Ⅰ（图 11.9）是装配了可调速频闪灯（LEDs）的节拍器。在这个物品中，自然产物与标准化生产的产品名副其实地相互结合，创造了统一的整体。这个电子设备和桑德兰当地的石头和有机麻融合在一起。

·节拍Ⅱ（图 11.10）也是一个节拍器——可调节声音和光线。电路、电池和登山绳同来自博兰德低谷的森林木材产生了紧密关系。

·拉干铃（图 11.11）是一个无线电子设备，钟与音箱电路安装在坎布里亚郡的浮木上。钟锤用麻绳绑到博兰德河上的石头上。闪色丝绸元素表明丝绸工业曾是当地经济的重要特征。

·"无线"（图 11.12）是一个小的 AM/FM 收音机，把电子设备和坎布里亚海边鹅卵石和闪色丝绸相结合。

之所以在文中提到这些物品，因为它们指明了潜在的发展方向，也表明了美学的思考。它们是前面讨论的理念的具体化、视觉化，而且它们提供了语言难以描述的不同层次的表达和解决方案。语言不可避免的突出理性思辨和理念，但除此之外，还有更深的层次，被广泛地称为不理性、非理性和超理性。这些层次提供了知识，但需要不同形式的理解力。[34, 35]

图 11.9

节拍 I

调速闪灯（LEDs）节拍器，电子设备，桑德兰石头，有机麻

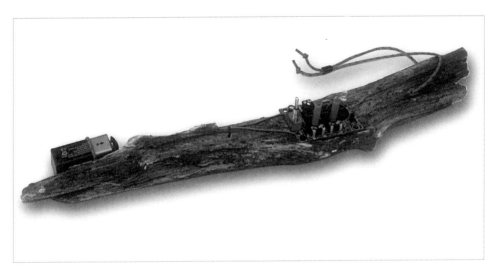

图 11.10

节拍 II

调声闪灯（LEDs）节拍器，电子设备，登山绳、博兰德低谷的林地地表木材，兰开夏郡

图 11.11

拉干铃

无线接待钟，电子设备，坎布里亚海边浮木，博兰德河的石头，有机麻，闪色丝

图 11.12

无线电收音机

AM/FM 收音机，电子设备，

坎布里亚海滩卵石，闪色丝，绳（多种材料）

结论

　　当代的电子产品可以在软件和应用层面进行调整，以满足个体的需要，但它们的基本制造理念仍然牢固地停留在过时的工业时代。在那个时代，产品的可持续性使用只能逐步实现。而这里提到的设计事例代表着更激进的变革。在这样的变革中，功能性物品的本质与属性紧密相连，表现在物品的材质选用、制造工艺、美学观念和其他品质方面。这样的设计方向要求设计者舍弃自我和来自外部的风格要求，让产品的属地特质影响并成为物品特性的一部分。此外，物品的功能性元素——不管是无害还是有害——都可以是清晰明确的，而不是隐藏在人为的风格外壳之中。而且，这些设计事例都非常关心当下——而不是过去或者将来。这种立足当下的设计无疑是稍纵即逝的，一部分原因在于技术总是在进步，另一部分原因在于今天的关注和感觉与未来的关注和感觉并不会完全相同，未来必然会有自己的表达方式。

　　在一个更加本土化且在不断变化的物质文化中，物品可以根据文化和个人的需要而定做。只要产品在生产、使用过程中以及使用后不会形成公害，无法直接回归自然的部分也可以被重新利用，那么这样的物品就不需要永恒的使用期限。如此看待技术产品，可以为刻意求全、自高自大的规模化生产世界增加以前没有过的轻松感。这样的设计取向，使得艺术和文化表现力能充分体现在物质产品之中，并反映和表达出对当下的感悟。通过这样的做法，我们就有机会为设计注入新的生命，让设计更能表达深藏于心的创造力，为世俗的功能性物品赋予意义，由此为人类文化和精神福祉作出贡献。

12　无言之疑

实体、虚拟、意义

心念，断不可弃，理智，不明心思。

——艾瑞克·霍布斯鲍姆（Eric Hobsbawm）

本章将从技术功能和美学暗喻的视角，阐释涉及时间、记忆以及永久意义等方面的物品。由此，提案被设想成年代久远的包括数码设备在内的设计遗存，它们古老而又为人熟悉，既令人难以忘怀，又引人深思。这些实物并非简单的产品，而是问题的有形表达，它们虽然沉默无语，仍然能够促使人们驻足反思，思考我们目前的设计是否有其他的发展路向。

通过设计探讨这些事件会引发一些问题，这些问题与数字化功能及其必备物质性的产生这两方面所带来的可能性和冲突有关。这种物质性的本质和形式符合社会与环境责任，尽管相对于当前的做法而言，这已经是一个相当大的进步，但仍然不够。毕竟，在单纯的规范和责任问题之上，设计过程还要遵循更为高尚的原则，并设有激励人心的目标。倘若如此，我们才有可能缔造一种物质文化来代表并表现一种可以超越常规生命的维度。只要我们努力这样做，就能加深对可持续性设计的理解，为设计找到一块触及人类心灵和理智的基石。

以下的观点将沿着这条路迈步向前。如同在任何有关设计的研究中一样，这些物品仅仅代表某一个阶段，代表不断探究与揭示的过程中出现的一系列相关典型。本章将延续之前章节的做法，对理论基础与设计探索进行相应的讨论，明确意图，确定方向。

进步与意义

人们一般认为，人类的进步指的是在自由市场和增长型经济体制内，科技及物质发展带来的持续性人类发展。但我们必须明确一点，这一进步的概念不是可以证明的真理，而是意识形态，而且是一种破坏力极强的意识形态，曾被伊格尔顿（Eagleton）称为"不切实际的迷信"（a bright-eyed superstition）。[1]

虽然受到大力推广，但是对进步的这一解释仅仅体现了对人类愿望平淡无奇的看法。

尽管如此，数码科技领域相对较新的发展显著推动了这一解释的扩散，其推力是诸多新型消费品及无数经济发展和生产机会的出现。这些产品的合理化、系统化批量生产正创造着财富、就业机会以及各种物质可能性。但这种生产方式更为长远的影响不断累积，关于物质文化在更全面地认识人类存在的意义过程中所起作用这类更深入的问题却被不断回避。

不管理智推理多么连贯和严谨，人类进步的意识形态一直伴随另外一种信念。这一信念认为，物质生活的改善和市场经济的好处，并非生命的全部意义。从历史角度看，这一批判首先驳斥了泛滥的理性主义，继而讨论了过度依赖理性会贬低作为人的其他重要方面，比如体验、直觉和精神。针对物质主义的弊端，也指出竞争性个人主义与市场的非人性化，对社会福祉、合作精神以及社会秩序极为有害，而社会福祉、合作精神以及社会秩序，当属人类生命的基本要素[2]，也可以说是可持续性的基本要素。

自 18—19 世纪英国工业革命发生以来，理性化批量生产体制一直在创造巨额财富，至少对于某些人而言，同时改善了许多人的物质生活。与之如影随形的问题是环境退化、环境污染、社会剥夺以及社会不平等，如今也仍然如此。正如我们已经了解的那样，针对工具性理论及其野蛮影响，华兹华斯（Wordsworth）与柯勒律治（Coleridge）提出相反的学说，强调直觉、思辨、乡村生活的优点以及自然之美。这种浪漫主义的观点，注重田园情调，强调精神世界。[3]它力图认识并表达由直觉感悟所揭示的精神价值观和全方位的感知，而这些价值观和感知都不适合做定量分析、系统分析和实证。[4]

诗人、艺术家以及神秘主义者，一直试图体现我们人性中的这些方面，体现万物归一的理论，这一理论也被称为非二元论、万物论、实在论或绝对论。为了开拓更全面的包容性设计途径，认识人理解力中的这一重要方面就显得尤为重要，尽管使用设计方式对这一方面加以表达的尝试可能是有限的、不足的。我们无论如何都不能忽视这一观点，否则会削弱日常物质文化与审美体验的性质和质量。这一方面如果在设计思维（包括对设计的作用的认知和构建方式）中缺失，那我们对设计学科的认知将只会强调工具性的优先地位。这些优先因素当然是重要的，但是不够全面。

在现今时代，随着全球市场、自由贸易和消费主义的扩张，对工具理性的批判变得十分迫切。批判的关注点扩大到工具理性主义对国与国之间的社会经济不平等、严重的生态环境危机、人类健康影响以及对个人福祉的负面影响。与此同时，人们越来越意识到，同质化的"设计方案"忽视地方性知识，对文化和情境反应迟钝，因而具有明显不足。[5]

设计、意义与可持续性

在第9章中，我提出包含个人意义在内的可持续性的四重底线概念。出于几方面原因，我没有使用"精神意义"一词表述这一概念。一方面，这个概念已经可以包括更广泛的实质性价值（见下文），另一方面，在精神与宗教之间的传统联系中，针对意义的内在性探索与阐释性说明，常常被混为一谈。[6-9] 对于很多人而言，这样的说明如今已不再可信。[10, 11]

如今，宗教与精神性之间的传统联系开始减弱。正如所料，无神论和世俗观点普遍的社会尤其如此。现代人对精神性的世俗理解已经不再基于对神的信仰，而是必须在世间生活过程中找到意义和价值来源。[12] 当代对精神性的开明定义倾向于更为广阔的范畴，即一个可以将宗教和非宗教信仰形式同时纳入的范畴。[13]

不管有无宗教联系，个人意义的概念适用于更广泛的人类体验和实践，这两者一起被认为是关乎人类福祉的重要方面。[14] 它们包含实质性价值观和终极关怀问题，并与实际价值观一起涵盖我们在世间的行为方式，涵盖我们在社会互动和个人内在发展中的道德行为（图 12.1）。

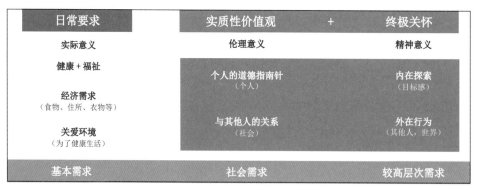

图 12.1

个人意义：实质性价值观与终极关怀

实质性价值观：几个世纪以来，实质性价值观对个人和社会的重要性已被证明。源远流长的实质性价值观可以追溯到公元前 500 年前后轴心时代所形成的伦理价值观和智慧教义，在希腊哲学、亚伯拉罕宗教体系、佛教、道教以及儒家哲学中都很常见。这些实质性价值观囊括正义、和平、怜悯、慈善等道德理念，对人类文化和社会的发展至关重要，同时承载着人类共享、追求真理、自知之明、超越自我以及助人为乐的精神境界。[15] 除此之外，实质性价值观还吸收了启蒙运动时期形成的一部分现代道德观念，包括民主、思想自由、公民权利、政教分离以及人权概念。[16, 17] 不过，新近被吸收的概念和思想并不代表根本性的全新创意，仅仅对具体的伦理价值观给予了特定的阐释和特定的表达方式。

　　终极关怀问题：个人意义一词还承认我们人性中一个超越道德和智慧的更深层次。长期以来，人们一直认为其与道德和智慧相互关联，有时它被称作终极价值[18]或终极关怀问题。[19] 其关乎存在自身的奥秘，但是未必与宗教或信仰有关。主体性是个人意义的一部分，以单纯、统一、安静为特征，可以超越纠缠于自我及自利的考虑。诚然，主体性包含了理性，却又超越理性，可又绝非失去理性，它被描述为不证自明的——存在于丰满的现实中。[20]

　　上述有关个人意义的理解与人类创意和智慧发生着密切关系[21–23]，也与可持续性的环境、道德和经济因素（图 12.2）紧密相关。图 12.3 展示了它们在创造更具可持续性、有意义的物质文化中发挥的作用。

　　在该"四重底线"中，有几个至关重要而又相互关联的要素，包括个人意义、社会责任与环境保护，它们都有助于塑造我们物质文化的定义。经济因素扮演的角色有些不同，充当着重要而务实的"润滑剂"作用，有助于其他要素之间相互协调并得以实现。

　　我们还必须认识到，个人意义这些更深刻的方面在本质上是强调体验式的。它们更关乎于实践与感知，而非理论与思考。[24, 25] 创意过程也的确如此，其主要关注点包括审美的敏感度、对各类关联性的理解以及对所用材料的甄别。在设计过程中，专注的实践与对创意决策伦理影响的认识合二为一，才将设计过程与当代对个人意义的多维度理解联系起来。[26] 更好地认识到这种联系及其影响，才有可能让我们创意努力的结果支持而非破坏我们的精神自我。鉴于精神自我特有的价值观和关注点，它们将引导我们更为坚定地迈向可持续原则指明的方向，反过来，物质生产可能更优秀完美地体现人类的能力和尊严，而我们当前的生产体制无法做到这一点。据估计，在当前的商品生产体制中，97% 的能源和物质资源被浪费掉了。[27]

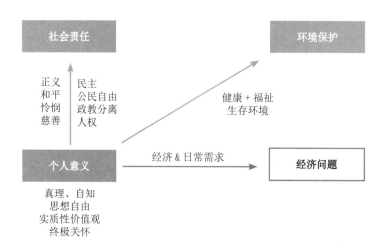

图 12.2
个人意义与四重底线中其他要素的关系

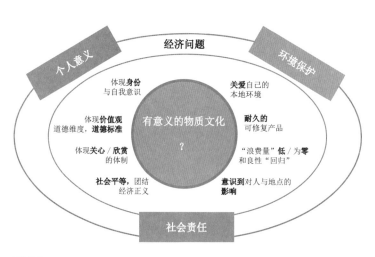

图 12.3
四重底线——个人、社会、环境、经济

在明晰实质性价值观、终极关怀问题以及创意活动之间的关系后，我们就可以明白，若仅靠三重底线，难以实现可持续性问题的解决方案。三重底线只是不完全地阐述了有关人的意义更为基本的概念。这些概念，对于我们自己的以及世界的生命力和繁荣延续至关重要。

设计价值与意图

上文为一个更成熟和负责的设计概念提供了依据，这个概念超越了常规狭隘的工业设计概念，还超越了当代工艺观念。

工业设计通常的定义是旨在为使用者与生产者提高产品功效、外观及价值的专业服务。[28] 人们往往采用让人觉得有效、精确和看似科学的语言进行更为全面的阐述。这些阐述注重优化、数据分析与规范，将人称作"使用者"或"消费者"。工业设计的一个独特之处是将一个物体的定义与其制造过程分离。[29] 在当今时代，工业设计是全球化生产体系的一部分，其中的主要激励因素是利润最大化以及企业自身利益，道德关怀往往被否定、被忽视。[30] 在这个体系里，工业设计已然成为鼓励消费主义的关键要素。它的"贡献"包括故意设计的功能折旧或认知过时，会日益刺激越发短命的产品增加销售。[31, 32] 结果，批量生产的物质文化实际上已然变成一次性文化，且因此造成严重浪费、剥削和破坏。这种狭隘的动机和价值观与任何一种可持续性解释都背道而驰。它们还表明，关乎精神发展和个人福祉的很重要的那些价值观和思想受到侵蚀，而同情他人以及克服不平等和不公正之道正需要那些价值观和思想的支撑。

与工业设计相比，人们对当代工艺的描述往往更为诗意，关乎美感、触感、材质以及制造质量与责任。工艺关注的是创造展现精良技术的一次性物体，这些物体可能有实际作用，也可能没有实际作用。[33] 一些从业者运用现代科技[34]，而工艺一般基于传统方法和技术以及隐性知识。工艺有时被视为对抗批量生产的良方，生产一件人工制品所投入的时间和技术是其价值的一部分。[35] 伦敦工艺理事会的功能性物品收藏系列包括陶瓷与玻璃、家具、金属制品与首饰，乐器以及书籍。然而，在全球范围内一般很少有人展现融合日常使用的众多电子与通信科技的物品，一般也鲜有科技型人工制品范例。[36] 因此，当代工艺往往更贴近绘画和雕塑，而非产品设计。此类工艺的关注点仅仅是运用精湛技艺来创造出做工精美、受欢迎、有收藏价值的物品而已。[37]

当代人对工业设计与工艺的理解让人深思，揭示着19世纪末至20世纪初我们设计和生产物质文化的背道而驰。在当今时代，我们赖以生存的常见日常用品都是批量生产的，相对便宜，而且往往不可修复，没有保存价值。因此，从长远来看，它们是没有价值、没有意义的浪费。与此相反，工艺产品相对较少，比较昂贵，往往被视为艺术品。前者的不利之处与后者的相对边缘化状态意味着，二者本身都不能代表设计的可行性前进方向。反倒在创造更具可持续性、更有意义的产品时，二者都要派上用场。这种产品必须融入现代科技带来的功能优势，外加那些与工艺相关的元素——如对材质、空间、技术以及责任的敏感性，这些元素有助于为物品注入意义和持久价值。我们还必须认识到，无所不在的批量生产科技与独特的手工艺这两个领域不仅相辅相成，而且还会产生差异与冲突。值得珍视的耐久性工艺品不一定可以轻易地与那些短命的、实用的、机械生产的科技型产品相融合。在这些产品中，审美体验与诠释、意义及内涵会出现冲突与不协调。正如我们在之前的篇章中所了解的，现代技术设备较低的成本与公司把道德和环境事件外部化的做法密切相关，如果不把这些事件外部化，它们就会侵害到公司的赢利。因此，许多当代科技设备是历来与可持续性相悖的商业行为的结果，也与工艺行为尊重材质、技艺、传统与空间的特点背道而驰。我们需要慎重考虑这些差异与矛盾，它们为我们提出特殊的设计挑战。

本章所列人工制品就其中一些问题进行了探索。它们将批量生产科技与一次性本地制造或手工制作的元素相结合。这样一来，它们体现了我们将可持续性、实质性价值观和深刻理解综合考虑的努力。这些看法可以被看成形式方面的问题，它们让我们反思如何使昙花一现的现代数码科技与环境和社会关怀相协调，并体现更深层次的人的意义。

形式追随意义

本文用于讨论的设计事例都包含了某种当代数据存储设备，即保存文档、图像或其他信息的科技内存设备。这些产品大量运用传统的、与心灵修炼相关的典型物品形式与元素，包括圣像、念珠、神祇造型、经文、护符。天然元素与再利用的材料和物品与新的科技设备相结合，在本地采用天然材料手工制作的零件与采用合成材料、批量生产的零件相结合。就这样，本土化工艺与全球化批量生产相结合，天然材料和传统形式同数码科技相结合，而通常被视为短命的功能则与持久意义相结合。形式与功能分离了。它的作用是体现实质性价值观，唤起深刻的认知，同时将工具功能保持在数码技术领域。

本文按照产品型号和实际设计顺序将作品呈现给大家，以便更好地向大家传达创意的产生与发展。其中四个设计物是壁挂式作品：

· "记忆人"（Memoria Humanus）（图 12.4）由一个安装在坎布里亚漂流木上的 USB 闪存记忆棒组成。表面用打磨过的亚克力修饰，有一个粗糙的人形轮廓（图 12.4a）。其前端松散地悬吊着旧标签。

· "圣像"（iKon）（图 12.8）是一个嵌入鲍兰德山谷橡木的硬盘，而橡木上刻有一个局部圈叉，以及象征土元素的炼金术符号（图 12.8a）。硬盘下缀一个用丝绸、麻和玻璃珠制作的垂饰。

· "死亡法典"（Codex Morte）（图 12.9）包含一系列用丝绸包裹并用麻绳固定的内存卡（图 12.9a）。作品由一块风化了的胶合板制成，这种现代材料掩盖了它看似年代久远的起源。一系列手工雕刻的"内存壁龛"是其特色。其表面刻有某一古代法典的语录，下方有一个粗糙的人形轮廓（图 12.9b）。其下沿悬着一串用自然种子制作而成的残留念珠。

· "纪念物"（Commemoro）（图 12.10）是一个用丝绸包裹并用麻绳绑到一根冬青枝条上的独特内存卡。此处展示了三个这一系列的"记忆棒"和一个局部（图 12.10a 和 12.10b）。

上述物品中的三个包含与精神意义相关的图像或碑刻，均由再利用的腐朽木材制作而成。"纪念物"设计是个例外，由新鲜砍伐的冬青制作而成。不过，在所有上述案例中，视觉特点与壁挂形式意味着这些物体甚至在其科技部件过时之后，可能仍然可以使用，仍然具有审美或思考价值。在"死亡法典"这个案例中，壁龛与内存卡的准确尺寸并不完全匹配，以至于完全可以用来保存不同内存设备或其他人工制品。不过，一旦其科技部件过时，而所有者不再想要这些物体时，木制构件可以丢弃而不会产生不良影响；由于不含任何塑料外壳，相比于同类已封存包装的产品，这些原始科技零件就像从塑料外壳中取出的零件一样，更容易随心所欲地进行再加工。

另外，有两个物品被设计成便携式：

·"重要的信条"（Memento Credo）（图 12.5）是一条链子或垂饰，将一个 USB 记忆棒与许多其他元素结合起来，从而形成一种具有科技功能的护符。与石头、骨头、木材以及硬币并列放在一起的十字架使人联想到伴有其他信仰痕迹的正统信仰。当其采用的科技失效或者被淘汰时，我们既可以将 USB 棒留下来供审美欣赏，也可以仅仅将其卸下来。包裹它的棉胶带可以轻松除去，露出可供再加工的敞开式基本电路。

·"记忆港口"（Memoria Porto）（图 12.6）是一个小硬盘，有一个手织麻配亚麻和丝绸拼花的封套。封套并未明显涉及精神理念，而只是表现为粗糙的手工织品。可以将封套与里面的硬盘分开，露出基本电路。封套采用的天然材料与原始电路都可以轻松再利用。

剩下的这件作品处理问题的方式相当不同：

·"记忆胶囊"（Memoria Capsula）（图 12.7 和图 12.7a）把一个再利用的木箱用作硬盘的保护箱。用天然赤豆来固定硬盘。我们无法预测未来替换硬盘的精确尺寸和形状，但是相对较大的箱子足以容纳许多可能性设备，而小豆子则提供了一种弹性"包装方式"，在箱子的空间范围内可以固定很多尺寸和形状的设备。或者，我们完全可以将豆子丢掉，将箱子用作其他用途。在这一点上，循环利用本地可用人工制品和天然材料可以产生持久的适应之物，既具有实际价值，还体现出深思熟虑、有节制、尊重环境的物质文化概念。

在所有这些提案式作品中，有一点是确认的，即科技部件只具有短暂的使用价值。在某些案例中，这些科技部件可以继续保留在原位，物品仍然可以继续发挥装饰或引起思考的作用。在以上所有案例中，原始科技零件都可以轻松分离，以供再加工，这使得许多人工制品可以适应新用途、良性回归自然环境或者循环再利用。

这些物体还通过其产品特性来应对可持续难题。它们使用的是天然材料，这意味着它们维护起来很轻松，它们具备触觉特性和质感，往往可以为人们带来审美享受。更重要的是，通过选择材料、处理表面以及使用和改变旧的甚至过时的形式，人们认识到文化遗产、时间、老化以及腐朽的价值。这些物体"自带复古风"；[38] 它们的材料被使用过并且有磨损，它们的表面经过研磨，它们的形式很常见。它们的特点和意象包括：

- 粗糙的人形轮廓；
- 古代宗教碑刻；
- 中世纪炼金术符号；
- 护符——基督和其他符号；
- 可能有秘密的老式上锁箱子；
- 树棍——使人联想到占卜、射箭或混乱；
- 编织拼缝的封套代表家务消遣。

其中没有一件作品涉及合理化批量生产以及现代工具主义优势。它们体现的是传统、神话、民间信仰以及地方工艺。它们是人类想象的产物，同时它们会激发人类想象，它们呼吁人类关注非理性或超理性直观认知方式。就这一点而论，如果我们想使我们的物质文化不仅满足功利需求，而且还能触动心灵，它们则暗示了需要采取的挽救措施。如果我们想重建更全面、鼓舞人心、均衡的方式来对抗过分理性化、以技术为中心、不断加速的"进步"概念所带来的毁灭性影响，我们迫切需要的正是这些产品表现出的特性。这种形式在接受新事物的同时也忠实于过去，它们的朴实外表切实提醒着我们对环境的依赖。它们传达的是延续感和改变，这些特性有助于避免产品过早被淘汰，而这通常是更多时尚产品的命运。此外，在定义人工制品美学品质的过程中，人们接受手工作品的即兴创作以及不精确。这有助于提升对物品的认同感，有助于更好地了解产品，尤其是较之于殚精竭虑地追求均一性和批量生产的高度精确外观，其生产采用的方法和材料对大众而言还是个谜。

也许特别重要的是，这些物体的形式并非由它们所包含的科技功能决定。它们的目的在于去如同关注功能的必要性一般关注审美体验与反思。

结果得到的是一个新型综合物，融合了新与旧、理性与直觉、全球与本地，并且物品的形式追随意义。

图 12.4

"记忆人"

坎布里亚漂流木，亚麻绳固定的再利用服装标签，USB 记忆棒

图 12.4a

"记忆人"局部

粗糙的亚克力人形轮廓

图 12.5

"重要的信条"

木材，石头，硬币，十字架，棉胶带，
皮革，丝绸，铜线，链子，USB 记忆棒

图 12.6

"记忆港口"

手织麻，亚麻，丝绸，绳子，80 GB 硬盘

图 12.7

"记忆胶囊"

再利用的工具箱，服装标签，铜锁，
丝绸，棉线，赤豆，160 GB 硬盘

图 12.7a   "记忆胶囊"内部细节

图 12.8

"圣像"

鲍兰德橡木，亚麻，麻，玻璃，160 GB 硬盘

图 12.8a

"圣像"局部

象征土元素的炼金术符号

图 12.9

"死亡法典"

画有涂鸦的月牙河口漂流木，丝绸，麻绳，种子念珠，6个 2 GB 内存卡

图 12.9a

"死亡法典" 局部

手工雕刻的内存壁龛，2 GB 内存卡，

丝绸、麻绳

图 12.9b

"死亡法典" 局部

粗糙的亚克力人形轮廓

图 12.10

"纪念物"

冬青枝条，丝绸，麻绳，纸，

2 GB 内存卡

设计的精神

THE SPIRIT OF DESIGN

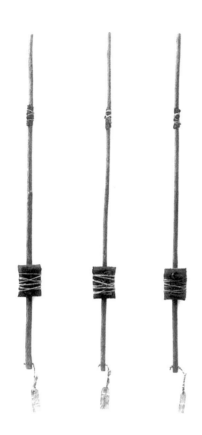

图 12.10a

"纪念物"系列

图 12.10b

"纪念物"局部

相近作品

　　这些作品的创造表明了我们试图将手工制品与批量产物完美结合，将传统材料和形式与新科技结合。虽然，在某种层面上，人们可能认为最终产物已然实现了这一目标，但是从另一个层面来看，这两个方面仍然相互区别、各自独立。人们将传统与当代方法、形式和材料拉近，将它们安排在一起，从而形成一个具有审美性的整体，可是它们仍然彼此分离，存在于并反映人类社会的不同领域和不同方面。既然如此，它们要求我们考虑我们本性的这两方面，它们提出问题，让我们思考如何以及是否可以使工业系统的理性主义和实用性与传达更深刻的人类成就概念的创意表现形式进一步融合。

　　这些长期性的问题和矛盾不单纯属于理论范畴，对于某些最具前瞻性的成功公司而言，它们还有助于确定日常活动的性质。例如，某一全球最具开创性的国际公司的一位杰出商业领袖乌代·查图维迪（Uday Chaturvedi）便利用精神遗产来影响其领导力的基本素质。他引用印度教用语幻象（maya）来总结各种挑战；在印度哲学中，幻象指的是在短暂的感官世界中，清晰的万相是如何混淆和掩盖万物灵性和统一性的。他将这点运用到管理决策中，把高质量的工作和对环境的保护看作是对未来的宝贵投资，而非需要缩减或外在化的成本。[39]

　　本书讨论的提案式作品案例要求我们思索这些问题，并开拓新的方向，以便定义并生产可以切实保障工作质量、经济与社会平等以及环境保护的功能产品。只有循着这种方向，设计原则以及我们的物质文化才会更具可持续性、更公正，且更有意义地体现人类付出的努力。

后记

你知道吗？当你发现某件东西丢失时所获得的快乐要比拥有时的快乐大得多。

——伊德里斯·沙赫（Idries Shah）

在过去的半个世纪，经济发达的消费型社会变得越来越世俗，其价值观变得越来越不确定。在西方国家，只要不会给他人造成危害，那么几乎任何事都是可以做的，信仰现在只是个人选择了。很多人认为这是积极的进步，其他人则认为这无益于社会和社区的融洽氛围，因为，在和谐社会或社区中应该具备对激励原则和价值观的共识。虽然如此，这样的社会在短期内还能勉强维持，因为它们很实用——我们只需要把行为保持在可容忍的最低水平之上，况且最重要的是，我们必须不断消费。[1] 如此，这个时代的时尚观点和论调认为，我们能保持或提高物质生活标准，并暗示这会带给我们更好的生活质量并让我们更幸福。

这样的社会对精神追求和文化传统漠不关心，甚至会阻止精神追求和传统的持续，尤其是在公共领域中更为如此。这样的社会倾向于推崇麻木的世俗生活，鼓励我们认真思考洗衣粉的选择，或者手机机身的纤薄程度之类的事情。只要关于意义、价值、目的等更深层性的理念被限制在私人领域，那么是否要接受或反对这些理念就是自由接受的问题，就与公共话语无关。因此，在这样的社会里，主导性的主题就表现为两种实际行动：一是有效治理，由于缺乏鲜明的政治立场，这样的治理越来越像公司管理；二是促进经济持续发展，其实质不外乎促进消费。

与资本市场的普遍论调相反，解决可持续问题并发展与人类意义的深层理念一致的物质文化的唯一有效方式，就是要减少消费。这意味着我们要减少购买商品，也就是要重新审视我们创造财富和保证福祉的模式。这种方向上的转变，需要经济体系的根本变革，需要我们远离数个世纪以来被视作理所当然的增长和"进步"的发展模式。这并不是说进步本身令人不快，而是说其当前的主要技术形态与消费主义如此紧密相连，需要按照真正的进步标准重新评估，这些标准包括真正致力于减少社会经济不平等以及环境破坏。当然，要达到这个目标，我们要更加重视伦理责任和环境保护的努力，一种有助于人间友情并鼓励参与的努力，这可以让我们更深刻地理解生存的意义和目标。

这样的努力需要的消费甚少，但是需要我们贡献出自己的时间和精力，这并非偶然情况。我们学一件乐器、读一本书、做一次义工、同家人朋友在一起或是徒步远行，都需要我们投入时间，全神贯注。以专注的态度对待生活并非异想天开。相反，消费主义给出的简单、快速方案总是要求我们消费，但消费的结果很少能让人满足，总是稍纵即逝，不会带来置身其中的参与感。此外，消费主义观念很少会滋养更深层的个人理解或个人意识，并且它们极少给环境带来好处。尽管如此，我们还是不断被告知，基于技术的解决方案更好一些。其实，这并非因为这些方案本身更好，而是因为它们是当前资本主义体系发展的基本驱动力和助推器。

减少消费，尤其是在更富裕的国家，不仅会带来巨大的环境效益，也要求我们更加关注我们所购买的少量物品。这样，相比那些转瞬即逝的琐碎物品来说，少量的、可以长期存在的物品的价值会变得越来越高，可能会对我们更有意义。

这种发展图景需要我们在构思物质产品，尤其是那些依赖快速发展的技术的产品时，不能仅使用工具理性的方式。

超越理性

很多环境科学家都认为，人类活动给地球环境造成的变化会产生毁灭性的后果。尽管这样的预测背后有坚实的证据，但仍有人质疑这种言辞的真实性。

这种怀疑论部分是受到了全球企业制度的煽动，因为对企业来说，短期利益重于一切；环保主义者被描述为反对资本主义、推崇世界末日论、反对现代技术公民社会的怪人。[2] 就连那些从根本上反对全球化资本主义的人们，也倾向于抵制科学界的警告。这不仅仅是因为对这种警告的信心不时地被科学家令人质疑的做法所瓦解，[3,4] 而且也是因为文明历史过程中常常充斥着这样的警告。早在公元 6 世纪，教宗格里高利一世（Gregory the Great）就声称世界已经变老，末日即将来临。[5]

但是，这种怀疑论的基础可能更具系统性，其基础正是由于理性自身的不足。伊格尔顿（Eagleton）曾指出，尽管我们无法脱离理性学科，但我们必须超越理性去探索内心深处更本质的东西，它不仅包含理性，而且超越理性。[6] 人类理解力的关键方面完全符合理性所依赖的事实和前提。它们涉及的范畴包括审美敏感性，隐性知识，直觉，灵感，创造力和想象力，对文化传统的信念和忠贞，以及同情心与爱心。因此，尽管有讲求证据的研究和理性的论据，似乎理性以一己之力依然无法使我们相信当务之急的改变及其发展方向，并且它也无力创造一种符合实质性价值观并与内心深处的自我相呼应的物质文化。的确，正是今天诸多产品生产背后的狭义理性框架，在损害环境和社会公平，并滋生人类的不满足感觉。理性自身不能为更有意义的物质文化提供基础。正如理性之声维吉尔（Virgil）在《神曲》（*Divine Comedy*）中也心悦诚服地如是说，"如果你也想要攀登，那么比我更有价值的精神会带你前进"。

物体、环境和意义

数个世纪以来，在不同的社会中，培育实质性价值观和探索生命终极意义的主要途径是宗教修行。如今，很多人都生活在经济发达的消费性社会，与他们文化中的传统宗教并无多大关系。尽管制度化宗教的理想正在幻灭或受到明确抵制，依然有许多人渴求精神生活。这也是意料之中的，因为无论有没有宗教，我们都会索求存在的意义。

这使得当前的世俗社会产生了意义危机。能体现当代情感寻求意义的做法缺乏适当的共同形式，一方面鼓励了个人主义式的，进而碎片化的、拼凑式的类似修行。这经常把消费主义与多种宗教传统的自救形式和吸引人的要素结合到一起。另一方面，对缩小意义鸿沟的渴望是通过文化消费主义进行的。这包括参加知名的艺术画廊、博物馆轰动一时的展览和进行文化旅游，每年都有数以万计的游客去文化城市、法老墓穴或所剩无几的自然美景去观光。在这里，艺术、自然与消费主义紧密交织。然而，虽然伟大艺术和自然风光以其本身蕴含的精神层面感动或激励我们，但它们无法代替内心真我的成长，即审视生命。但是，正如我们所见，人类的反省或"内省"的努力因消费社会的干扰而屡屡受挫。

这些无休止的无法解决的问题是艺术家、诗人和作曲家灵感的源泉，可能也会启迪那些希望创造真正物质文化的设计师，让物质文化符合并指向那些在日常世俗行为的实用性中，真正有意义和具有超越性的东西。此举并非易事，因为设计与纯艺术不同，它必须把深层的意义和美感与功能性和经济可行性结合起来。尽管如此，从前面所述我们明确知道，发展这样的物质文化，意味着创造出既有益于人类福祉，又不损害自然环境的实用性产品。这两点在一切寻求意义的主流传统中都举足轻重。若能做到这两点，我们就有可能造就具备内在价值的产品。此外，正如我们在前面章节所提到的，我们有可能将象征意义融入功能性物品，也就将日常活动与意义的深层含义直接联系起来。这些象征意义可以在日常生活的忙碌中提醒我们，进而帮助我们形成一种能更全面表达丰满人性的物质环境。

因此，设计完全可以拥抱更深层的理解，并且通过无论是内在抑或是更加外显的象征方式，超越定义狭隘的、理性主义方式的严重缺陷。接受这些具有创意的挑战，我们就有机会从根本上去变革和振兴设计学科。如此，我们将会发现设计的真正精神。

注释

Introduction

1 Blake, W. (1804) *Milton: A Poem, Preface*: 26.

1 Sambo's Stones–sustainability and meaningful objects

An earlier version of this chapter appeared in the Design and Culture Journal, vol 2, no 1, pp45-62(copyright 2010). With kind permission of Berg Publishers, an imprint of A&C Black Publishers Ltd.

1 Grantham, P. (2004) *Sambo's Grave, Sunderland Point*, accessed 20 September 2010.

2 Ashworth, E. (2005) *Sunderland Point and Samboo's Grave*, accessed 20 September 2010.

3 Cunliffe, H. (2004) *The Story of Sunderland Point–From the Early Days to Modern Times*, R. W. Atkinson, Sunderland Point, Lancashire, pp5-12.

4 Calais, E. (2007) 'Samboo's Grave', in *From a Slow Carriage*, Road Works Publ, Lancaster, p57.

5 Hague, W. (2007) *William Wilberforce: The Life of the Great Anti-Slave Trade Campaigner*, HarperCollins, London, pp159-160.

6 Aymes, T. (2008) *Holikey-Provence*, accessed 28 August 2008.

7 La Provence (2008) *L'histoire: Il invente les 'clés USB provençales'*, 8 August 2008, accessed 27 August 2008.

8 Robinson, B. H. (2009) 'E-waste: An assessment of global production and environmental impacts', *Science of the Total Environment*, 408, Elsevier, pp183-191.

9 Borgmann, A. (1984) *Technology and the Character of Contemporary Life: A Philosophical Inquiry*, University of Chicago Press, Chicago, p41.

10 NetRegs (2010) *Waste Electrical and Electronic Equipment (WEEE)*, accessed 20 September 2010.

11 Smith, D. (2006) 'Blair: Britain's "sorrow" for shame of slave trade', *The Observer*, 26 November 2006, accessed 20 September 2010.

12 Tozer, J. (2006) 'Kneeling in chains, the dramatic apology from slave trader descendant', *Daily Mail,* 21 June 2006, accessed 20 September 2010.

13 Curtis, G. and Mackay, M. (2007) 'London mayor issues apology for slave trade', *Christian Today*, 23 March 2007, accessed 20 September 2010.

2 Following Will-o'-the-Wisps and Chasing Ghosts–re-directing design through practice-based research

An earlier version of this chapter appeared under a slightly different title in the Design Journal, vol 11, no 1, pp51-64(copyright 2008). With kind permission of Berg Publishers, an imprint of A&C Black Publishers Ltd.

1 Woodham, J. M. (1997) *Twentieth Century Design*, Oxford University Press, Oxford pp65-67.

2 Tarnas, R. (1991) *The Passion of the Western Mind: Understanding the Ideas that have Shaped Our Worldview*, Harmony Books, New York, p398.

3 Spencer, L. (1998) 'Postmodernism, modernity and the tradition of dissent', in S. Sim (ed) *The Icon Critical Dictionary of Postmodern Thought*, Icon Books, Cambridge, p161.

4 Thackara, J. (2005) *In the Bubble: Designing in a Complex World*, MIT Press, Cambridge, MA, pp1-8.

5 Fuad-Luke, A. (2004) *Slow Design,* Section 2.2, Slow Theory, accessed 8 May 2007.

6 Hawken, P., Lovins, A. and Lovins, L. H. (1999) *Natural Capitalism*, Little, Brown & Co, New York, pp2-3.

7 Hardstaff, P. (2007) Interview, BBC Radio 4, *Today Programme*, 27 January 2007. An interview concerning the relocation of the Burberry clothing factory from the Uk to China in which Hardstaff, head of policy at the World Development Movement, suggested that government policies encourage companies to move from place to place to seek the lowest labour and environmental standards.

8 Walker, S. (2006) *Sustainable by Design: Explorations in Theory and Practice*, Earthscan/James & James Science Publishers, London, pp114-119.

9 Hobsbawm, E. J. (1968) *Industry and Empire*, Penguin Books, London, pp58-78.

10 Frayling has referred to this type of research as 'research into design', his other categorizations differ somewhat from the designations I use here, see: Frayling, C. (1993/4) *Research in Art and Design*, Royal College of Art Research Papers, Royal College of Art, London, vol 1, no 1.

11 Sparke, P. (2004) *An Introduction to Design and Culture*: *1900 to the Present*, second edition, Routledge, London.

12 Dormer, P. (1993) *Design Since 1945*, Thames & Hudson, London.

13 Heskett, J. (1986) *Industrial Design,* Thames & Hudson, London.

14 Verbeek, P-P., (2005) *What Things Do: Philosophical Reflections on Technology, Agency and Design*, Penn State University Press, Philadelphia.

15 Buchanan, R. and Margolin, V. (eds) (1995) *Discovering Design: Explorations in Design Studies*, University of Chicago Press, Chicago.

16 Margolin, V. (2002) *The Politics of the Artificial: Essays on Design and Design Studies*, University of Chicago Press, Chicago.

17 Cross, N. (2006) *Designerly Ways of Knowing*, Springer, New York.

18 Hannah, G. G. (2002) *Elements of Design*, Princeton Architectural Press, New York.

19 Visocky O'Grady, J. and Visocky O'Grady, K. (2006) *A Designer's Research Manual*, paperback edition 2009, Rockport Publ. Ltd., Beverly, MA.

20 Thackara, J. (2006) *Design and the Growth of Knowledge* (Afterword) , Faculty of Industrial Design Engineering, Delft University of Technology, Netherlands, accessed 10 May 2006.

21 Grayling, A. C. (2001) *The Meaning of Things*, Orion Books, London, p149.

22 Waters, L. (2004) *Enemies of Promise*, Prickly Paradigm Press, Chicago, pp9, 68.

23 Waters, L. (2004) *Enemies of Promise*, Prickly Paradigm Press, Chicago, p73.

24 Grayling, A. C. (2006) *The Form of Things*, Weidenfeld & Nicholson, London, p143.

25 Dunne, A. and Gaver, W. W. (1997) *The Pillow: Artist-Designers in the Digital Age*, CHI97 Electronic Publishing, accessed 10 May 2007.

26 van der Lugt, R. and Stappers, P. J. (2006) *Design and the Growth of Knowledge* (Introduction) , Faculty of Industrial Design Engineering, Delft University of Technology, Netherlands, accessed 10 May 2006.

27 Seago, A. and Dunne, A. (1999) 'New methodologies in art and design research: The object as discourse', *Design Issues*, vol 15, no 2, pp11-17.

28 van der Lugt, R. and Stappers, P. J. (2006) *Design and the Growth of Knowledge* (Introduction) , Faculty of Industrial Design Engineering, Delft University of Technology, Netherlands, accessed 10 May 2006.

3 After Taste−the power and prejudice of product appearance

An earlier version of this chapter appeared in the Design Journal, vol 12, no 1, pp25-40(copyright 2009). With kind permission of Berg Publishers, an imprint of A&C Black Publishers Ltd.

1 Sparke, P. (1995) *As Long as it's Pink−The Sexual Politics of Taste*, HarperCollins, London, pl.

2 *Dictionary of Quotations* (1998) Wordsworth Reference Series, Wordsworth Editions Ltd, Ware, Herts, p326.

3 Hughes, R. (1987) 'Gentlemen of New South Wales', *The Fatal Shore,* Collins Harvill, London, pp342-343.

4 Carey, J. (2005) *What Good Are The Arts?,* Faber & Faber, London, p54.

5 O'Doherty, B. (1986) *Inside the White Cube: The Ideology of the Gallery Space*, Lapis Press, Santa Monica, p76.

6 Hughes, R. (2006) *Things I Didn't Know, A Memoir,* Alfred Knopf, New York, p31.

7 Scruton, R. (1999) 'Kitsch and the modern predicament', *City Journal*, vol 9, no l, accessed 24 September 2010.

8 Muelder Eaton, M. (2001) *Merit: Aesthetic and Ethical*, Oxford University Press, Oxford, p51.

9 Dormer, P. (1997) *The Culture of Craft: Status and Future*, Manchester University Press, Manchester, p142.

10 Sawyer, C.A. (2001) *All in a Day's Work*, Automotive Design and Production Field Guide to Automotive Technology, accessed 24 September 2010.

11 Bakhtiar, L. (1976) *SUFI−Expression of the Mystical Quest* (Part 3: Architecture and Music) , Thames & Hudson, London, pp106-107.

12 Muelder Eaton, M. (2001) *Merit: Aesthetic and Ethical*, Oxford University Press, Oxford, p131.

13 MacMillan, J. (2007) 'I wish you God−among the arts, music offers the most sustained challenge to the secular consensus.lt asserts the heart's deepest truths and sharpens our sense of the real', *The Tablet*, 24 February 2007, p27.

14 MAMAC (2006) *Robert Rauschenberg: On and Off the Wall* (exhibition catalogue) , Musée d'Art moderne et d'Art contemporain, Nice, France, pp50-51.

15 Martin, C. (2006) *A Glimpse of Heaven*, Foreword by Cardinal Cormac Murphy-O'Connor, English Heritage, Swindon, pp8-9.

16 Muelder Eaton, M. (2001) *Merit: Aesthetic and Ethical*, Oxford University Press, Oxford, p50.

17 Roxyrama (2008) The Bryan Ferry and Roxy Music Archive, *Bryan Ferry Biography*, accessed 24 September 2010.

18 BBC News (2007) 'Ferry apologises for Nazi remarks', 16 April 2007, accessed 24 September 2010.

19 This response was given during a Q&A session following a keynote address at an international design conference. The designer in question shall remain anonymous. It would be unfair to single out one person when the attitude is evidently systemic.

4 Extant Objects−seeing through design

An earlier version of this chapter appeared in the International Journal of Sustainable Design, vol 1, no 1, pp4-11(copyright 2008). With kind permission of Inderscience Switzerland who retain copyright of the original papers.

1 Chapman, J. (2005) *Emotionally Durable Design: Objects, Experience, Empathy*, Earthscan, London, p16.

2 Elkington, J. (1998) *Cannibals with Forks: The Triple Bottom Line of 21st Century Business*, New Society Publishers, Gabriola Island, Canada.

3 Robèrt, K. H. (2002) *The Natural Step Story−Seeding a Quiet Revolution*, New Society Publishers, Gabriola Island, Canada.

4 McDonough, W. and Braungart, M. (2001) *Cradle to Cradle: Remaking the Way We Make Things*, Douglas & Mclntyre, Vancouver.

5 Pré (2010) *Life Cycle Tools to Improve Environmental Performance and Sustainability*, Pré Consultants, Netherlands, accessed 4 October 2010.

6 Factor 10 (2009) *Factor 10–An Introduction*, Factor 10 Institute, Canoules, France, accessed 4 October 2010.

7 Sparke, P. (2004) *An Introduction to Design and Culture: 1900 to the Present*, second edition, Routledge, London, p64.

8 McCabe, H. (2005) *The Good Life: Ethics and the Pursuit of Happiness,* Continuum, London, p5.

9 Wood, J. et al (2010) *Attainable Utopias online*, accessed 4 October 2010.

10 Scharmer, C. O. (2009) *Theory U: Leading from the Future as it Emerges*, Berrett-Koehler Publishers, Inc, San Francisco, CA.

11 Manzini, E., Meroni, A. et al (2010) *Creative Communities*, Sustainable Everyday, accessed 4 October 2010.

12 Woodham, J. M. (1997) *Twentieth-Century Design*, Oxford University Press, Oxford, pp145, 227-228.

13 DeAngelis, T. (2004) 'Consumerism and its discontents', *Monitor on Psychology*, vol 35, no 6 June, accessed 4 October 2010.

14 Leonard, A. (2010) *The Story of Stuff*, Constable and Robinson Ltd, London, p314.

15 European Commission (2004) 'EU policy-making: Counting the hidden costs', European Commission Environment Research document, 16 August 2004, accessed 4 October 2010.

16 Scott, R. (2003) 'The high price of "free" trade', EPI Briefing Paper no 147, Economic Policy Institute, Washington, DC, 17 November 2003, accessed 4 October 2010.

17 Ades, D., Cox, N. and Hopkins, D. (1999) *Marcel Duchamp*, World of Art series, Thames & Hudson, London, p146.

18 Rose, B. (2005) Rauschenberg–On and Off the Wall, in *Rauschenberg–On and Off the Wall–Works from the 80's and 90's*, Musée d'Art moderne et d'Art contemporain, Nice, France, pp47-73.

19 Williams. G. (2004) 'Use it again', in R. Ramakers (ed) *Simply Droog–10+1 years of Creating Innovation and Discussion*, Droog Publishing, Amsterdam, pp25-34.

5 Sermons in Stones–argument and artefact for sustainability

An earlier version of this chapter appeared in Les Ateliers de l'éthique/The Ethics Forum, vol 5, no 2, pp101-116(creative commons licence 2010). With kind permission of The Centre de recherche en éthique de l'Université de Montréal.

1 Waste Online (2008) Electrical and Electronic Equipment Recycling Information Sheet, accessed 6 October 2010.

2 CAFOD (2008) Report Highlights Workers' "Abuse", Friday 8 February 2008, accessed 6 October 2010.

3 For example, in the UK research in the arts and humanities has had an annual research council budget of ca £75 million compared to £1556 million for research in engineering, science and technology, not including medical science (£500 million for the Engineering and Physical Sciences Research Council, £336 million for the Biotechnology and Biological Sciences Research Council, £220 million for the Natural Environment Research Council, and £500 million for the Science and Technology Facilities Council), Research Councils of the United Kingdom, accessed 11 January 2008.

4 For example, Korten, D. C. (2001) *When Corporations Rule the World*, second edition, Chapter 3, The Growth Illusion, Kumarian Press Inc, Bloomfield, Connecticut and Berrett-Koehler Publishers Inc, San Francisco, CA, pp43-56.

5 Douglas, N. (2006) 'The overall sale experience', *Socialist Review*, accessed 6 October 2010.

6 Hummer (2006) *Restore the Balance* TV commercial, accessed 6 October 2010.

7 Miller, V. J. (2005) *Consuming Religion*, Continuum, New York, p2.

8 IDSA (2007) CONNECTING'07, The ICSID/IDSA World Design Congress, 17-20 October 2007, San Francisco, CA.

9 Straubel J. B. and Hatt, B. (200/) 'Sleek and green', a presentation of the Tesla Roadster, 18 October 2007, CONNECTING'07, The ICSID/IDSA World Design Congress, 17-20 October 2007, San Francisco, CA.

10 Tesla (2010) *Tesla Motors*, accessed 6 October 2010.

11 Seymour, R. (2007) *Space Tourism*, a presentation of the Virgin Galactic space tourism project, 18 October, CONNECTING'07, The ICSID/IDSA World Design Congress, 17-20 October 2007, San Francisco, CA.

12 Virgin Galactic (2010) *The Virgin Corporations Commercial 'Spaceline'*, description and video presentations, accessed 6 October 2010.

13 De Graaf, J., Wann, D. and Naylor, T. H. (2001) *Affluenza: The All-Consuming Epidemic*, Berrett-Koehler Publishers, San Francisco, CA.

14 Badke, C. and Walker, S. (2008) 'Designers anonymous', *Innovation–The Journal of the Industrial Designers*, Spring 2008, pp40-43.

15 Tata (2008) 'Tata Motors unveils the people's car', press release, 10 January 2008, accessed 6 October 2010.

16 Taylor, C. (2007) *A Secular Age,* Belknap Press, Cambridge, MA, pp716-717.

17 Northcott, M. S. (2007) *A Moral Climate*: *The Ethics of Global Warming*, Darton, Longman and Todd, London, pp175-177.

18 Ratzinger, J. (2007) *Jesus of Nazareth*, Doubleday, London, p33.

19 Armstrong, K. (2006) *The Great Transformation,* Atlantic Books, London, pxi.

20 Beattie, T. (2007) *The New Atheists*, Darton, Longman and Todd, London, pp132-136.

21 Beattie, T. (2007) *The New Atheists*, Darton, Longman and Todd, London, p139.

22 Beattie, T. (2007) *The New Atheists*, Darton, Longman and Todd, London, p133.

23 Northcott, M. S. (2007) *A Moral Climate*: *The Ethics of Global Warming*, Darton, Longman and Todd, London, p186. Emphasis in original.

24 BBC News (2007) 'Archbishop launches attack on US', BBC News, 25 November 2007, accessed 6 October 2010.

25 De Botton, A. (2004) *Status Anxiety*, Penguin Books, London, p201.

26 University of Cumbria (2007) 'It's not where you are, it's where you're going', banner displayed on the Lancaster campus of University of Cumbria, September 2007. University of Liverpool (2007) 'It's not where you are, it's where you want to be', advertisement in *FT Magazine*, 13/14 October 2007, p43.

27 Chesterton, G. K. (1908) *Orthodoxy*, 2001 edition by lmage Books, New York, p103.

28 Eno, B. (2001) 'The big here and the long now', accessed 6 October 2010.

29 Long Now (2008) *The Long Now Foundation*, accessed 6 October 2010.

30 Steindl-Rast, D. and Lebell, S. (2002) *Music of Silence*: *A Sacred Journey through the Hours of the Day,* Seastone, Berkeley, CA, p7.

31 Miró, J. (1974) *L'esperança del condemnat a mort I-lll/The Hope of the Man Condemned to Death I-lll*, acrylic on canvas, Fundació Joan Miró, 1974.

32 Longfellow, H. W. (1838) A Psalm for Life, in Herbert, D. (ed.) (1981) Everyman's Book of Evergreen Verse, A Psalm of Life by Henry Wadsworth Longfellow, Dent, London, UK, pp188-189.

33 Armstrong, K. (2006) *The Great Transformation,* Atlantic Books, London, pxi.

34 For example, Phaedo by Plato, in Tredennick, H. and Tarrant, H. (trans) (1954) *The Last Days of Socrates* by Plato, Penguin Books, London, p125.

35 For example, Mascaró, J. (trans) (1965) *The Upanishads*, Penguin Books, London, p61.

36 For example, the Intergovernmental Panel on Climate Change (IPCC) suggests that in a little more than a decade, up to 250 million people in Africa will 'be exposed to increased water stress', and 'agricultural production, including access to food, in many African countries is projected to be severely compromised', with crop yields in some countries down by 50 per cent. (While errors have been found in some of its projections, the vast majority of its findings have general support from climate change experts.) *Intergovernmental Panel on Climate Change Fourth Annual Report–Climate Change 2007: Synthesis Report*, accessed 6 October 2010.

37 Feng, G. F and English, J. (trans) (1989) *Tao Te Ching by Lao Tsu*, Vintage Books, New York, p48.

38 1 Corinthians, 7: 30-31, The Holy Bible, New International Version, New Testament, Zondervan Publishing House, Grand Rapids, Michigan, 1973, p226.

39 Thoreau, H. D. (1854) 'Walden', in *Walden and Civil Disobedience*, 1983 edition, Penguin Books, New York, p95.

40 Schumacher, E. F. (1979) *Good Work*, Abacus, London, p27.

41 Iyer, R. (1993) *The Essential Writing of Gandhi*, Oxford University Press, Delhi, p378.

42 Mercedes-Benz TV, Weekly Show, 29 February 2008, promotional film for the CLC car 'Key Visual Shooting part 2', accessed 31 January 2008.

43 Rolex Watches website, information about the GMT-Master II watch, accessed 31 January 2008.

44 Apple Store website, information about the iPod nano, accessed 31 January 2008.

45 'Google profits disappoint Market', BBC News Online, 1 February 2008, accessed 6 October 2010.

46 Print advertisement for Glacéau smartwater in *Vanity Fair*, July 2007, p85.

47 Proud, L. (2000) *Icons, A Sacred Art*, Jarrold, Norwich, p8.

48 Achemeimastou-potmaianou, M. (1987) *From Byzantium to El Greco: Greek frescoes and Icons*, The Theology and Spirituality of the Icon by Rt Rev Dr Kallistos Ware, Greek Ministry of Culture, Athens, pp38-39.

49 Walker, S. (2006) *Sustainable by Design: Explorations in Theory and Practice*, Earthscan, London, pp39-51.

50 Schaff, P. (ed) (1886) *Socrates and Sozomenus Ecclesiastical Histories Creator (s) : Socrates Scholasticus*, Christian Literature Publishing Co, New York, accessed 6 October 2010.

51 Schaff, P. (1889) *History of the Christian Church, Volume III: Nicene and Post-Nicene Christianity. A. D. 311-600*, 5th edition, Chapter 32, accessed 6 October 2010.

52 St Paul, M. Sr (2000) *Clothed with Gladness: The Story of St Clare*, Our Sunday Visitor Inc, Huntington, IN, p24.

53 LeShan, L. (1974) *How to Meditate*, Bantam Books, New York, p67.

54 Easwaran, E. (1978) *Meditation-Commonsense Directions for an Uncommon Life*, 1986 edition, Penguin Books, London, p11.

6 Gentle Arrangements–artefacts of disciplined empathy

An earlier version of this chapter was presented at Design Connexity, 8th International Conference of the European Academy of Design, Aberdeen, 1-3 April 2009, and appeared in the proceedings.

1 The term 'disciplined sympathy' is used by Armstrong to refer to long-taught practices that can lead to spiritual transformation. Here, a modified version of this term is employed, namely 'disciplined empathy'. Whereas 'sympathy' is most commonly used in reference to other people, 'empathy' can be used in reference to people, other living creatures and even inanimate objects. It is, therefore, less anthropocentric and a more appropriate term to use in the context of design. Armstrong, K, (2006) *The Great Transformation*, Atlantic Books, London, p391.

2 Taylor, C. (2007) *A Secular Age*, Belknap Press, Cambridge, MA, p9.

3 Thackara, J. (2005) *In the Bubble: Designing in a Complex World*, MIT Press, Cambridge, MA, pp212-213.

4 Wood, J. (2008) *Changing the Change: A Fractal Framework for MetaDesign*, Proceedings of the Changing the Change Conference, Turin, 10-12 July 2008, accessed 28 July 2008.

5 Young, R. A. (2008) *A Taxonomy of the Changing World of Design Practice: A Vision of the Changing Role of Design in Society Supported by a Taxonomy matrix Tool*, Proceedings of the Changing the Change Conference, Turin, 10-12 July 2008, accessed 28 July 2008.

6 Buchanan, R. and Margolin, V. (1995) *Discovering Design: Explorations in Design Studies*, University of Chicago Press, Chicago, Section 1 essay, 'Rhetoric, Humanism and Design' by R. Buchanan, pp23-66.

7 Buchanan, R. (1992) 'Wicked problems in design thinking', *Design Issues*, vol 8, no 2, pp5-21.

8 Thompson, D. (2006) *Tools for Environmental Management: A Practical Introduction and Guide*, University of Calgary Press, Calgary.

9 For example, *Measuring Progress: Sustainable Development Indicators 2010*, a National Statistics Compendium publication, Department for Environment, Food and Rural Affairs, London, accessed 11 October 2010.

10 The Kyoto Protocol, which was agreed in 1997 and came into force in 2005, aimed to reduce greenhouse gases through binding emissions targets, accessed 7 October 2010.

11 WEEE–Waste Electrical and Electronic Equipment Legislation from the European Commission-information, accessed 7 October 2010.

12 Northcott, M. S. (2007) *A Moral Climate: The Ethics of Global Warming*, Darton, Longmann and Todd Ltd, London, pp181-182.

13 Black, R. (2008) 'Moral appeal for UK energy saving', BBC News, 27 February 2008, accessed 7 October 2010.

14 WCED (1987) *Our Common Future*, World Commission on Environment and Development, Oxford University Press, Oxford, p43.

15 Van der Ryn, S. and Cowan, S. (1996) *Ecological Design*, Island Press, Washington, DC, pp139-140.

16 Korten, D. C. (2006) *The Great Turning: From Empire to Earth Community*, Kumarian Press Inc, Bloomfield, CT, and Berrett-Koehler Publishers Inc, San Francisco, CA, pp302-305.

17 BBC (2007) 'Business call for plan on climate: Global businesses have called for a legally binding and comprehensive international deal on climate change', BBC News, 30 November 2007, accessed 7 October 2010.

18 Charlesworth, A. (2010) 'Global carbon emissions to rise 43 per cent by 2035, says US report', BusinessGreen. com, accessed 7 October 2010.

19 *Global CO$_2$ Emissions: Increase Continued in 2007*, Netherland Environmental Assessment Agency, 13 June 2008, accessed 7 October 2010.

20 Kinver, M. (2008) 'EU industry sees emissions rise', BBC News, 2 April 2008, accessed 7 October 2010.

21 Tarnas, R. (1991) *The Passion of the Western Mind: Understanding the Ideas that have Shaped Our Worldview*, Harmony Books, New York, p398.

22 Taylor, C. (2007) *A Secular Age*, Belknap Press, Cambridge, MA, pp5, 773-774.

23 Humphreys, C. (1949) *Zen Buddhism*, William Heinemann Ltd, London, pp6-11.

24 Fry, T. (1995) 'Sacred design 1: A re-creational theory', in R.Buchanan and V. Margolin (eds) *Discovering Design: Explorations in Design Studies*, University of Chicago Press, Chicago, p194.

25 Armstrong, K. (2005) *A Short History of Myth*, Canongate Books Ltd, Edinburgh, pp32-33.

26 Hick, J. (1989) *An Interpretation of Religion: Human Responses to the Transcendent*, Yale University Press, New Haven, CT, p14.

27 Hick, J. (1989) *An Interpretation of Religion: Human Responses to the Transcendent*, Yale University Press, New Haven, CT, pp157-8.

28 Taylor, C. (2007) *A Secular Age,* Belknap Press, Cambridge, MA, pp5-7.

29 Tredennick, H.and Tarrant, H. (trans) (1954) *The Last Days of Socrates by Plato*, Penguin Books, London, pp125-126.

30 Griffith, T. (trans) (1986) *Symposium of Plato*, University of California Press, Berkeley, sections 202-208.

31 Smart, N.and Hecht, R.D. (eds) (1982) *Sacred Texts of the World: A Universal Anthology*, MacMillan Publishers Ltd, London, p305.

32 Lau, D.C. (1979) *Confucius−The Analects*, Penguin Books, London, iv: 9; xv: 24;xvi: 7.

33 Comte-Sponville, A. (2008) *The Book of Atheist Spirituality*, Bantam, London, pp2, 204.

34 Taylor, C. (2007) *A Secular Age*, Belknap Press, Cambridge, MA, p5.

35 Humphreys, C. (1949) *Zen Buddhism*, William Heinemann Ltd, London, pp3-4.

36 Suzuki, D.T. (1937) *Buddhism in the Life and Thought of Japan*, Tourist Library Series No 21, quoted in C.Humphreys (1949) *Zen Buddhism*, William Heinemann Ltd, London, p3.

37 Taylor, C. (2007) *A Secular Age*, Belknap Press, Cambridge, MA, p9.

38 Mascaró, J. (trans) (1965) *The Upanishads*, Penguin Books, London, pp58-60.

39 Gladwell, M. (2005) *Blink: The Power of Thinking Without Thinking*, Back Bay Books/Little, Brown and Co, New York, pp264 -269.

40 Gladwell, M. (2005) *Blink: The Power of Thinking Without Thinking*, Back Bay Books/Little, Brown and Co, New York, p16.

41 Senge, P., Scharmer, C.O., Jaworski, J.and Flowers, B.S. (2005) *Presence: Exploring Profound Change in People, Organizations, and Society*, Nicholas Brealey Publishing, London, p14.

42 Humphreys, C. (1949) *Zen Buddhism*, William Heinemann Ltd, London, pp11-12.

43 Humphreys, C. (1949) *Zen Buddhism*, William Heinemann Ltd, London, pl.

44 Beatty, L. (1939) *The Garden of the Golden Flower: The Journey to Spiritual Fulfilment*, Senate, London, pp292-293.

45 Gröning, P. (2007) *Into Great Silence: A Film by Philip Gröning*, DVD distributed by Soda Pictures Ltd, London.

46 Meisel, A.C.and del Mastro, M.L. (trans) (1975) *The Rule of St Benedict*, Doubleday, New York, p76.

47 Stryk, L. (trans) (1985) *On Love and Barley: Haiku of Basho*, Penguin Books, London.

48 'Interview: Philip Glass on making music with no frills', *The Independent,* 29 June 2007, accessed 12 October

2010.Also see liner notes of *Kundun: Music from the Original Soundtrack*, composed by Philip Glass, Nonesuch Records, 1997.

49 For example, Chief John Snow, of the Stoney People of Alberta, Canada writes: 'Technology is not wisdom...Only wisdom can harness technology so that man can build a better world' (Snow, J. (1977) *These Mountains are our Sacred Places: The Story of the Stoney*, Samuel Stevens, Toronto, pp154-160) .

50 See Chapters 4 and 5, and also 'Light touch: Ephemeral objects for sustainability', Chapter 14 of Walker, S. (2006) *Sustainable by Design: Explorations in Theory and Practice*, Earthscan, London, pp167-183.

7 The Chimera Reified−design, meaning and the post-consumerism object

An earlier version of this chapter appeared in Design Journal, vol 13, no 1, pp3-30 (copyright2010) .With kind permission of Berg Publishers, an imprint of A&C Black Publishers Ltd.

1 Fry, T. (2009) *Design Futuring: Sustainability, Ethics and New Practice*, Berg, Oxford, p172.

2 Schluep, M., Hagelueken, C., Kuehr, R., Magalini, F., Maurer, C., Meskers, C., Mueller, E.and Wang, F. (2009) *Recycling: From E-Waste to Resources*, United Nations Environment Programme and United Nations University, Table 11, p41, accessed 14 October 2010

3 Greenpeace (2008) *The E-Waste Problem*, accessed 14 October 2010.

4 Lansley, S. (1994) *After the Gold Rush−The Trouble with Affluence: 'Consumer Copitalism'and the Way Forward*, Century Business Books, London, p18.

5 Verbeek, P.P. (2005) *What Things Do: Philosophical Reflections on Technology, Agency and Design*, Penn State University Press, Philadelphia, pp205-206.

6 Walker, S. (2006) *Sustainable by Design: Explorations in Theory and Practice*, Earthscan, London, Chapter5.

7 Klein, N. (2000) *No Logo*, Vintage Canada, Toronto, p197.

8 Porritt, J. (2007) *Capitalism as if the World Matters*, Earthscan, London, p224.

9 Ralston Saul, J. (2005) *The Collapse of Globalism and the Reinvention of the World*, Viking Canada, Toronto, pp148-150.

10 Shanshan, W. (2007) 'The grim reality of e-waste burden', *China Daily*, 30 January 2007, accessed 14 October 2010.

11 Milmo, C. (2009) 'Dumped in Africa: Britain's toxic waste', *The Independent*, 18 February 2009, accessed 20 February 2009.

12 Walker, J.A.and Chaplin, S. (1997) *Visual Culture*, Manchester University Press, Manchester, pp165-166.

13 Borgmann, A. (2003) *Power Failure: Christianity in the Culture of Technology*, Brazos Press, Grand Rapids, MI, p22.

14 Dunne, A. (2005) *Hertzian Tales: Electronic Products, Aesthetic Experience, and Critical Design*, Cambridge, MA, p84.

15 For example, Rust, C., Mottram, J. and Till, J. (2007) *AHRC Research Review: Practice-led Research in Art, Design and Architecture*, Arts and Humanities Research Council, London, p11.

16 Borgmann, A. (2003) *Power Failure: Christianity in the Culture of Technology*, Brazos Press, Grand Ropids, MI, pp17-18.

17 Dunne, A.and Raby, F. (2008) 'Design for debate', *Neoplasmatic Design, Architectural Design*, vol 78, no 6, accessed 14 October 2010.

18 Dunne, A. (2009) 'Interpretation, collaboration, and critique', interview with Raoul Rickenberg, *The Journal of Design+Management*, vol 3, no 1, pp22-28, accessed 14 October 2010.

19 Associated Press (2008) 'GM to close 4 factories, may drop Hummer: Automaker to curtail truck, SUV production amid soaring fuel prices', *MSNBC Online News*, 3 June 2008, accessed 14 October 2010.

20 BBC (2008) 'Speeders to pay for police chases', 1 July 2008, accessed 14 October, 2010.

21 Rohter, L. (2008) 'Rising cost of shipping drives new strategies: Oil prices helo push relocation of factories closer to consumers, '*International Herald Tribune*. 4 August 2008, ppl, 14.

22 Balakrishnan, A. (2008) 'Rise in food prices fuels inflation', *The Guardian*, 12 February 2008, accessed 14 October 2010.

23 European Position Paper UITP (2006) 'The role of public transport to reduce Green House Gas emissions and improve energy efficiency: Position on the European Climate Change Programme and the Green Paper on Energy Efficiency', March 2006, accessed 14 October 2010.

24 Batty, D. (2007) 'London councils push for plastic bag ban', *The Guardian*, 13 July 2007, accessed 14 October 2010.

25 Rennie, G. (2008) 'Three-bag limit urged for garbage pickup', *The Windsor* Star, 7 June 2008, accessed 14 October 2010.

26 Parsons, A.W. (2007) 'Global warming: The great equaliser', Share The World's Resources (STWR) Thinktank, September 2007, accessed 14 October 2010.

27 UNFCCC (2008) 'Rising industrialized countries emissions underscore urgent need for political action on climate change at Poznan meeting', press release, United Nations Framework Convention on Climate Change, 17 November 2008, accessed 14 October 2010.

28 For example, a leading manufacturer recently developed a mobile phone encased in corn-derived bioplastic, on the assumption that this would be a more eco-friendly solution.However, the special measures needed to recycle these polymers make them energy inefficient, and in landfill they can release methane, a greenhouse gas far more potent than carbon dioxide.Widespread use of corn-based plastics can also exacerbate the growing industrial demand for crops that began with biofuels, reducing the amount of land dedicated to food production, inflating prices and most acutely affecting those living in the poorest nations. Schmemann, S. (ed) (2008) 'Corn-phone'[editorial], *International Herald Tribune*, 21 August 2008, p6; and Vidal, J. (2008)' "Sustainable" bio-plastic can damage the environment', *The Guardian*, 26 April 2008, accessed 6 September 2008.

29 Davison, A. (2001) *Technology and the Contested Meanings of Sustainability*, State University of New York Press, Albany, pp15, 22.

30 Young, R.A. (2008) 'A taxonomy of the changing world of design practice', Proceedings of the Changing the Change Conference, Turin, 10-12 July 2008, accessed 28 July 2008.

31 Thackara, J. (2005) *In the Bubble: Designing in a Complex World*, MIT Press, Cambridge, MA, p18.

32 Mathews, F. (2006) 'Beyond modernity and tradition: A third way for development', *Ethics & the Environment*, vol 1l, no 2, pp85-113.

33 Rodwell, J. (2009) 'Redeeming the land'[keynote address], *Doing Justice to the Land*, M. B. Reckitt Trust Conference, London, 24 February 2009.

34 For example, all these attributes were singled out in the 2007 launch of the iPhone, see BBC News (2007) 'Steve Jobs launches iPhone', 9 January 2007, accessed 28 July 2008.

35 This conclusion is supported by Banham's observation that Americans, arguably the foremost exponents of such progress, tend to have a strong belief in technology, best exemplified by their propagation of domestic products. Banham, R. (1996) *A Critic Writes: Essays by Reyner Banham*, University of California Press, Berkeley, p115.

36 Borgmann, A. (2003) *Power Failure: Christianity in the Culture of Technology*, Brazos Press, Baker Books, Grand Rapids, MI, pp8, 81.

37 Inayatullah, S. (2009) 'Spirituality as the fourth bottom line', Queensland University of Technology, accessed 2 July 2009.

38 One example of layered interpretations of meaning, which greatly surpasses materialistic notions, is the *quadriga*-a traditional form of interpreting sacred texts within Judeao-Christian culture.The *quadriga* encompasses literal, allegorical, moral and anagogical or spiritual interpretations, McGrath, A.E. (ed) (2007) *A Christian Theology Reader*, third edition, Blackwell Publishing, Oxford, pp81-82.

39 Daly, H. (2008) 'A steady state economy', Sustainable Development Commission, 24 April 2008, accessed 8 February 2008.

40 Verbeek, P-P. (2005) *What Things Do: Philosophical Reflections on Technology, Agency and Design*, Penn State University Press, Philadelphia, p222.

41 Chapman, J. (2005) *Emotionally Durable Design: Objects, Experiences and Empathy*, Earthscan, London.

42 Borgmann, A. (1984) *Technology and the Character of Contemporary Life: A Philosophical Inquiry*, University of Chicago Press, Chicago, pp41, 92.

43 Borgmann, A. (2003) *Power Failure: Christianity in the Culture of Technolony*, Brazos Press, Grand Rapids, MI, p21.

44 Borgmann, A. (2003) *Power Failure: Christianity in the Culture of Technology*, Brazos Press, Grand Rapids, MI, p73.

45 Verbeek, P-P. (2005) *What Things Do: Philosophical Reflections on Technology, Agency and Design*, Penn State University Press, Philadelphia, pp230-231

46 Verbeek, P-P. (2005) *What Things Do: Philosophical Reflections on Technology, Agency and Design*, Penn State University Press, Philadelphia, p27.

47 Dunne, A.and Raby, F. (2008) 'Fictional functions and functional fictions', in conversation with Troika, *Digital by Design*, Thames & Hudson, London, accessed 4 July 2009.

48 Easwaran, E. (1978) *Meditation: Commonsense Directions for an Uncommon Life*, 1986 edition, Penguin Books, London, pp116-125.

8 The Spirit of Design-notes from the shakuhachi flute

An earlier version of this chapter appeared in the International Journal of Sustainable Design, vol 1, no 2, pp130-144(copyright 2009).With kind permission of Inderscience Switzerland who retain copyright of the original papers.

1 Norton, T. (2008) 'Cardinal wants Piero in a church', *The Tablet*, 6 December 2008, p36.

2 Nes, S. (2004) *The Mystical Language of Icons*, Canterbury Press, Norwich, pp12, 16.

3 Williams, R., (2008) Picture Perfect, *RA: Royal Academy of Arts Magazine*, London, no 101, Winter 2008, pp40-44.

4 Verbeek, P-P. (2005) *What Things Do: Philosophical Reflections on Technology, Agency and Design*, Pennsylvania State University Press, Philadelphia, p206.

5 Feenberg, A. (2002) *Transforming Technology: A Critical Theory Revised*, Oxford University Press, Oxford, pp162-190.

6 Davison, A. (2001) *Technology and the Contested Meanings of Sustainability*, State University of New York Press, Albany, p204.

7 Fry, T. (2009) *Design Futuring: Sustainability, Ethics and New Practice*, Berg Publishers, Oxford, pp3, 118.

8 Malm, W.P. (2000) *Traditional Japanese Music and Musical Instruments: The New Edition*, Kodansha International, Tokyo, p171.

9 De Ferranti, H. (2000) *Japanese Musical Instruments*, Oxford University Press, Hong Kong, p70.

10 Bhikshu, K. (2008) *The Shakuhachi: Zen Flute*, International Buddhist Meditation Center, Los Angeles, accessed 31 October 2008.

11 Ribble, D.B. (2003) 'The shakuhachi and the ney: A comparison of two flutes from the far reaches of Asia', departmental bulletin paper, Kocho University Repository, Kochi, Japan, accessed 17 October 2010, p6.

12 Ribble, D.B. (2003) 'The shakuhachi and the ney A comparison of two flutes from the far reaches of Asia', departmental bulletin paper, Kocho University Repository, Kochi, Japan, accessed 17 October 2010, pp6-7.

13 De Ferranti, H. (2000) *Japanese Musical Instruments*, Oxford University Press, Hong Kong, pp70-71.

14 Malm, W.P. (2000) *Traditional Japanese Music and Musical Instruments: The New Edition*, Kodansha International, Tokyo, p175.

15 Sanford, J.S. (1977) 'Shakuhachi zen: The fukeshu and komuso', *Monumenta Nipponica*, vol 32, no 4, pp411-440.

16 Casano, S. (2005) 'From fuke shuu to uduboo: The transnational flow of the shakuhachi to the West', *World of Music*, vol 47, no 3, pp17-33.

17 Keister, J. (2003) 'The shakuhachi as a spiritual tool: A Japanese Buddhist instrument in the West', *Asian Music: The Journal of the Society of Asian Music*, vol 35, no 2, pp99-131.

18 Master shakuhachi player Clive Bell points out that context can be an important consideration in how the flute is played and understood, which is particularly relevant with the *shakuhachi* now being widely played outside its traditional setting. Personal correspondence, 27 February 2010.

19 Mayers, D.E. (1976) 'The unique shakuhachi', *Early Music*, vol 4, no 4, p467.

20 Deaver, T. (2008) *Shaku Design*, 24 April 2008, accessed 17 October 2010.

21 Keister, J. (2003) 'The shakuhachi as a spiritual tool: A Japanese Buddhist instrument in the West', *Asian Music: The Journal of the Society of Asian Music*, vol 35, no 2, pp110-111.

22 Levenson, M. (2008) *Jinashikan: Natural Bore Shakuhachi*, accessed 17 October 2010.

23 Brooks, R. (2000) *Blowing Zen: Finding an Authentic Life*, H.J.Kramer Inc, Tiburon, CA, p80.

24 Ribble, D.B. (2003) 'The shakuhachi and the ney: A comparison of two flutes from the far reaches of Asia', departmental bulletin paper, Kocho University Repository, Kochi, Japan, accessed 17 October 2010, pp4-8.

25 Chaurasia, H. (2008) website of bansuri player Hariprasad Chaurasia, accessed 17 October 2010.

26 I have given a general description of the relationship between the quantity and nature of material possessions, and their link to spiritual ways of living in Walker, S (2006) *Sustainable by Design: Explorations in Theory and Practice*, Earthscan, London, pp61-70.

27 Jamison, C. (2008) *Finding Happiness: Monastic Steps for a Fulfilling Lite*, Weidenfeld & Nicolson, London, pp106-108.

28 Perhaps inevitably, with its broader, international appeal, these traditional distinctions are becoming more blurred.As *shakuhachi* player Clive Bell notes today, *hōchiku* flutes are sometimes used in concert performances, and modern, lacquered *shakuhachi* are being used in meditative practices-not least because they are easier to find and, possibly, easier to play.Personal correspondence, 27 February 2010.

29 Keister, J. (2003) 'The shakuhachi as a spiritual tool: A Japanese Buddhist instrument in the West', *Asian Music: The Journal of the Society of Asian Music*, vol 35, no 2, pp110-111.

30 Keister, J. (2003) 'The shakuhachi as a spiritual tool: A Japanese Buddhist instrument in the West', *Asian Music: The Journal of the Society of Asian Music*, vol 35, no 2, pp110-111.

31 Keister, J. (2003) 'The shakuhachi as a spiritual tool: A Japanese Buddhist instrument in the West', *Asian Music: The Journal of the Society of Asian Music*, vol 35, no 2, pp105, 112.

32 Schnee, D. (2006) 'A beginner's guide to suizen', *Canadian Musician*, vol 28, no 3, p29.

33 Sanford, J.S. (1977) 'Shakuhachi zen: The fukeshu and komuso', *Monumenta Nipponica*, vol 32, no 4, p414.

34 Schnee, D. (2006) 'A beginner's guide to suizen', *Canadian Musician*, vol 28, no 3.

35 Ribble, D.B. (2003) 'The shakuhachi and the ney: A comparison of two flutes from the far reaches of Asia', departmental bulletin paper, Kocho University Repository, Kochi, Japan, accessed 17 October 2010, pp5, 7.

36 Ribble, D.B. (2003) 'The shakuhachi and the ney: A comparison of two flutes from the far reaches of Asia', departmental bulletin paper, Kocho University Repository, Kochi, Japan, accessed 17 October 2010, p9.

37 Williams, A. (trans) (2006) *Spiritual Verses-Rumi*, Penguin Books, London, pxxv.

38 Cage, J. (1961) *Silence: Lectures and Writing by John Cage*, Wesleyan University Press, Hanover, NH, USA, pp7-8.

39 Katz, V. (2006) 'A genteel iconoclasm', *Tate Etc*, vol 8, autumn 2006, accessed 18 October 2010.

40 Lubbock, T. (2009) 'A right royal treat', review of Gardens and Cosmos: The Royal Paintings of Jodhpur, British Museum, 28 May-23 August 2009, especially 'The Emergence of Spirit and Matter' attributed to Shivdas, ca 1828, *The Independent*, 27 May 2009, p13.

41 Steindl-Rast, D.and Lebell, S. (2002) *Music of Silence: A Sacred Journey through the Hours of the Day*, Seastone, Berkeley, p7.

42 Easwaran, E. (1978) *Meditation*, Arkana, London, pl40.

43 Coltrane, J. (1966) *A Love Supreme*, Impulse IMP 11552, MCA Records.

44 Brooks, R. (2000) *Blowing Zen: Finding an Authentic Life*, H. J. Kramer Inc., Tiburon, CA, p28.

45 Sanford, J.S. (1977) 'Shakuhachi zen: The fukeshu and komuso', *Monumenta Nipponica*, vol 32, no 4, p422.

46 Ribble, D.B. (2003) 'The shakuhachi and the ney: A comparison of two flutes from the far reaches of Asia', departmental bulletin paper, Kocho University Repository, Kochi, Japan, accessed 17 October 2010, p7.

47 Ribble, D.B. (2003) 'The shakuhachi and the ney: A comparison of two flutes from the far reaches of Asia', departmental bulletin paper, Kocho University Repository, Kochi, Japan, accessed 17 October 2010, p10.

48 Needleman, J. (1994) *The Indestructible Question: Essays on Nature, Spirit and the Human Paradox*, Arkana, London, pp128-130.

49 Verbeek, P-P. (2005) *What Things Do: Philosophical Reflections on Technology, Agency and Design*, Pennsylvania State University Press, Philadelphia, p187.

50 Verbeek, P-P. (2005) *What Things Do: Philosophical Reflections on Technology, Agency and Design*,

Pennsylvania State University Press, Philadelphia, p188.

51 Verbeek, P-P. (2005) *What Things Do: Philosophical Reflections on Technology, Agency and Design*, Pennsylvania State University Press, Philadelphia, p225.

52 Walker, S. (2006) *Sustainable by Design: Explorations in Theory and Practice*, Earthscan, London, pp39-51.

53 Feenberg, A. (2002) *Transforming Technology: A Critical Theory Revised*, Oxford University Press, Oxford, pp13, 184.

54 Ralston Saul, J. (2005) *The Collapse of Globalism and the reinvention of the World,* Viking Canada, Toronto, p31.

55 Wilkinson, R.and Pickett, K. (2009) *The Spirit Level: Why More Equal Societies Almost Always Do Better*, Allen Lane, London, p263.

56 Wilkinson, R.and Pickett, K. (2009) *The Spirit Level: Why More Equal Societies Almost Always Do Better*, Allen Lane, London, p263.

57 Korten, D.C. (1999) *The Post-Corporate World: Life After Capitalism,* Berrett- Koehler Publishers, San Francisco, CA, and Kumarian Press, Inc.West Hartford, CT, pp66, 200.

58 Borgmann, A. (2003) *Power Failure: Christianity in a Culture of Technology*, Brazos Press, Grand Rapids, MI, p73.

59 Brooks, R. (2000) *Blowing Zen: Finding an Authentic Life*, H.J.Kramer Inc, Tiburon, CA, p80.

60 For example, the extraction of oil from the mining of tar sands at Fort McMurray io Alberta, Canada is accompanied by destruction of landscapes, many of which have been important to indigenous peoples for centuries, as hunting grounds and sacred places.Operations drain three rivers tor the extraction processes, and toxic tailing ponds on the landscape have affected ground water and resulted in the death of wild fowl.See CBC News, accessed 18 October 2010;and Oil Sands Watch, Pembina Institute, accessed 18 October 2010.

61 Borgmann, A. (2003) *Power Failure: Christianity in a Culture of Technology*, Brazos Press, Grand Rapids, MI, p73.

62 Brooks, R. (2000) *Blowing Zen: Finding an Authentic Life*, H.J.Kramer Inc, Tiburon, CA, pp83-84, 231.

63 Oakeshott, R. (2000) 'Jobs and fairness: The logic and experience of employee ownership', in R.Wilkinson and K.Pickett (2009) *The Spirit Level: Why More Equal Societies Almost Always Do Better*, Allen Lane, London, p250.

9 Wrapped Attention-designing products for evolving permanence and enduring meaning

An earlier version of this chapter appeared in Design Issues, vol 26, no 4, pp94-108(copyright 2010).With kind permission of MIT Press, US.

1 Bhamra, T.and Lofthouse, V. (2007) *Design for Sustainability: A Practical Approach*, Gower, Aldershot, p15.

2 'Sustainability and QBL' (2009) City of Norwood Payneham and St Peters, Australia, accessed 20 October 2010.

3 'Reporting on the triple or quadruple bottom line' (2009) Creative Decisions Ltd, Auckland, New Zealand, accessed 20 October 2010.

4 'QBL-governance, economic, social and environment' (2007) Wingecarribee Shire Council, Moss Vale, NSW, Australia, accessed 18 September 2009.

5'ToolBox 12 reference-quadruple bottom line' (2005) Department of Infrastructure and Planning, Queensland Government, Brisbane, accessed 20 October 2010.

6 Tjolle, V. (2008) *Your Quadruple Bottom Line: Sustainable Tourism Opportunity*, SMILE Conference 2008, Guinness Storehouse, Dublin, Ireland, 27 May 2008, accessed 20 October 2010.

7 Armstrong, K. (2006) *The Great Transformation, Atlantic Books*, London, pxi.

8 Senge, P.et al (2005) *Presence: Exploring Profound Change in People, Organizations and Society*, Nicholas Brealey Publishing, London, p56.

9 Inayatullah, S. (2009) 'Spirituality as the fourth bottom line', Tomkang University, Sunshine Coast University and Queensland Universily of Technology, Australia, accessed 20 October 2010.

10 Stuart, C. (2009) *How People Make Decisions*, European Futurists Conference, Luzerne, Switzerland, 16 October 2009, accessed 20 October 2010.

11 Corvalan, C., Hales, S., McMichael, A.et al (2005) *Ecosystems and Human Well-being: Health Synthesis, A Millennium Ecosystem Assessment Report*, World Health Organization, accessed 20 October 2010, pp13, 33.

12 Foehr, U.G. (2006) *Media Multitasking Among American Youth: Prevalence, Predictors and Pairings*, Henry J.Family Foundation, Menlo Park, CA, accessed 20 October 2010, p24.

13 M.Ritchell (2009) 'In the car, on the mobile phone and headed for trouble', *International Herald Tribune*, 20 July 2009, p2.

14 Dave Lamble et al (1999) 'Cognitive load and detection thresholds in car following situations: safety implications for using mobile (cellular) telephones while driving', *Accident Analysis and Prevention 31*, accessed 20 October 2010, pp617-623.

15 Naish, J. (2009) 'Warning: Brain overload', *The Times*, 2 June 2009, accessed 2 June 2009.

16 Immordino-Yang, M.H.et al (2009) 'Neural correlates of admiration and compassion', *Proceedings of the National Academy of Sciences*, accessed 20 October 2010, pp8021-8026.

17 Rosen, C. (2008) 'The myth of multitasking', *The New Atlantis: A Journal of Technology and Society*, spring edition, accessed 20 October 2010, pp105-110.

18 Torrecilals, F. L. (2007) 'Four in ten young adults are mobile-phone addicts, a behaviour that can cause severe psychological disorders', *The Medical News*, 27 February 2007, accessed 20 October 2010.

19 For example, 'Digital Britain-the interim report' (2009) Department for Culture, Media and Sport and Department for Business, Enterprise and Regulatory Reform, London, accessed 20 October 2010.

20 Thackara, J. (2009) 'Design and ecology', keynote presentation, LiftFrance09 Conference, Marseille, France, 18-19 June 2009, accessed 20 October 2010.

21 Borgmann, A. (2000) 'Society in the postmodern era', *The Washington Quarterly*, vol 23, no 1, accessed 20 October 2010, pp189-200.

22 Borgmann, A. (2001) 'Opaque and articulate design', *International Journal of Technology and Design Education*, vol 11, pp5-11.

23 Thackara, J. (2009) 'Design and ecology', keynote presentation, LiftFrance09 Conference, Marseille, France, 18-19 June 2009, accessed 20 October 2010.

24 Senge, P.et al (2008) *The Necessary Revolution: How Individuals and Organizations are Working Together to Create a Sustainable World*, Nicholas Brealey Publishing, London, p50.

25 van Heerden, C. (2009) 'Future of lifestyle', European Futurists Conference, Luzerne, Switzerland, 15 October 2009, accessed 20 October 2010.

26 Electronic Tattoo: Philips Design Probe (2008) , accessed 20 October 2010.

27 'We love our iPods, we love our planet: Help plant a tree to offset your iPod' (2009) , accessed 20 October 2010.

28 'China heads list of mobile phone manufacturing bases' (2009) C114.net, Shanghai, 5 January 2009, accessed 20 October 2010.

29 Chan, J. et al (2008) 'Silenced to deliver: Mobile phone manufacturing in China and the Philippines', SOMO and SwedWatch, Stockholm, accessed 20 October 2010.

30 For example, *Waste Electrical and Electronic Equipment (WEEE)* (2007) Environmental Agency, accessed 20 October 2010.

31 Clayton, J. (2009) 'MoD computers at centre of dangerous trade in the slums', *The Times*, 18 July 2009, p7.

32 Fuad-Luke, A. (2009) *Design Activism*, Earthscan, London, p193.

33 Williams, A.et al (2009) 'Design 2020: An investigation into the future for the design profession', in T.Inns (ed) *Designing for the 21st Century: Research Projects*, Ashgate, Farnham.

34 Senge, P.et al (2008) *The Necessary Revolution: How Individuals and Organizations are Working Together to Create a Sustainable World*, Nicholas Brealey Publishing, London, p16.

35 Berry, T. and Goodman, J. (2006) *Earth Calling: The Environmental Impacts of the Mobile Telecommunications Industry*, Forum for the Future, London, accessed 20 October 2010.

36 Interface (2008) *Toward a More Sustainable Way of Business*, Interlace Incorporated, accessed 20 October 2010.

37 Borgmann, A. (2003) *Power Failure*, Brazos Press, Grand Rapids, MI, p22.

10 Temporal Objects–design, change and sustainability

An earlier version of this chapter appeared in Sustainability, vol 2, pp812-832(copyright 2010).With kind permission of MDPI, Switzerland.

1 Webster, B.and Lewis, L. (2009) 'World leaders deal major blow to Copenhagen climate change deal', *The Times*, 16 November 2009, accessed 18 November 2009.

2 Fisher, A. (2009) 'Climate agreement sparks anger', *Aljazeera Online News (Europe)* , 19 December 2009, accessed 21 October 2010.

3 For example, Rosenthal, E. (2009) 'Paying more for flights eases guilt, not emissions', *New York Times*, 18 November 2009, accessed 21 October 2010.

4 Bone, J. (2009) 'Climate scientist James Hansen hopes summit will fail', *The Times*, 4 December 2009, accessed 4 December 2009. (Note: in the Catholic church an 'indulgence' is a remission of the temporal punishment due for committing sin;though the guilt of the sin has been forgiven through absolution, *Catholic Encyclopedia*, accessed 21 October 2010.)

5 Senge. P., Smith, B., Kruschwitz, N., Laur, J. and Schley, S. (2008) *The Necessary Revolution: How Individuals and Organizations Are Working Together to Create a Sustainable World*, Nicholas Brealey Publishing, London, p51.

6 Brown, T. (2009) *Change by Design*, HarperCollins, New York, pp7, 89.

7 Woudhuysen, J. (2009) 'Keynote address', Design to Business (D2B2) Conference China, Tonji University, Beijing, China, 23-26 April 2009.

8 BBC World Service (2009) 'Old-Style light bulbs banned in EU' (2009) BBC World Service News, 1 September, accessed 21 October 2010.

9 Goedkoop, M. J., van Halen C. J. G., te Riele, H. R. M. and Rommens, P. J. M. (1999) *Product Service Systems, Ecological and Economic Basics*, Ministry of Housing, Spatial Planning and the Environment Communications Directorate, p18: referred to in Morelli, N. (2003) 'Product-Service systems, a perspective shift for designers: A case study: The design of a telecentre', *Design Studies*, vol 24, pp73-99.This latter paper was presented at the 2002 Common Ground Conference , gesessed 21 October 2010.

10 Bhamra, T.and Lofthouse, V. (2007) *Design for Susloinobility: A Procticol Approach*, Gower Publishing Limited, Aldershot, pp122-123.

11 Porritt, J. (2007) *Capitalism as if the World Matlers*, Eorthscan, London, p306.

12 McDonough, W. and Braungart, M. (2002) *Cradle to Crodle*, North Point Press, New York, pp119-120.

13 Manzini, E. (2007) 'A laboratory of ideas: Diffused creativily and new ways of doing', in A.Meroni (ed) *Creative Communities: People Invenhng Sustainable Ways of Living*, Edizioni POLI, Milan, pp13-15, accessed 21 October 2010.

14 Fuad-Luke, A. (2009) *Design Activism: Beautiful Strangeness for a Sustainable World*, Earthscan, London, pp193-194.

15 von Hippel, E. (2005) *Democratizing Innovation*, MIT Press, Cambridge, MA, pp93, 103-104.

16 Walker, S. (2009) 'Touchstones: Conceptual products for sustainable futures', keynote address, 5th European Futurists Conference, Luzerne, Switzerland, 15 October 2009, accessed 21 October 2010.

17 Manzini, E. (2007) 'The scenario of a multi-local society: Creative communities, active networks and enabling solutions', in J.Chapman and N.Gant (eds) *Designers, Visionaries and Other Stories: A Collection of Sustainable Design Essays*, Earthscan, London, pp81-86.

18 Day, C. (2002) *Spirit and Place*, Architectural Press, London, p162.

19 Dunne, A.and Raby.F. (2009) *Critical Design FAQ*, accessed 21 October 2010.

20 Meroni, A. (2009) *Strategic Design for Territorial Development: A Service Oriented Approach*, public lecture, Lancaster University, Lancaster, 25 November 2009.

21 Daly, H. (2007) *Ecological Economics and Sustainable Development*, Edward Elgar Publishing, Cheltenham, pp117-124.

22 Mathews, F. (2006) 'Beyond modernity and tradition: A third way for development', *Ethics & the Environment*, vol 11, no 2, pp85-113.

23 Ryan, C. (2008) 'The Melbourne 2032 Project: Design-visions as a mechanism for (sustainable) paradigm change', *Proceedings of the Changing the Change Conference*, Turin, ltaly, 10-12 July 2008, accessed on 2 March 2010.

24 James, W. (1899) 'On a certain blindness in human beings', in G. Gunn (ed) *Progmatism and Other Writings* (2000) Penguin Books, London, p269.

25 Lerner, M. (1996) *The Politics of Meaning*, Addison Wesley Publishing, Reading, MA, p6.

26 von Hippel, E. (2005) *Democratizing Innovation*, MIT Press, Cambridge, MA, p147.

27 Senge, P., Smith, B., Kruschwitz, N., Laur, J. and Schley, S. (2008) *The Necessary Revolution: How Individuals and Organizations Are Working Together to Create a Sustainable World*, Nicholas Brealey Publishing, London, p37.

28 McDonough, W. and Braungart, M. (2002) *Cradle to Crodle*, North Point Press, New York, p141.

29 Hamel, G. (2007) *The Future of Management*, Harvard Butiness School Press, Boston, p187.

30 Hawken, P. (2007) *Blessed Unrest*, Viking, New York, p157.

11 Meaning in the Mundane–aesthetics, technology and spiritual values

An earlier version of this chapter was presented at the Cumulus 2010 Conference, Tonji University, Shanghai, China, 6-10 September 2010, and appeared in proceedings.

1 Lanier, J. (2010) *You Are Not A Gadget*, Allen Lane, London, pp20-22.

2 Biletzki, A.and Matar, A.(2009)'Ludwig Wittgenstein', *Stanford Encyclopedia of Philosophy*, Metaphysics Research Lab, Stanford University, accessed 14 February 2010.

3 For example, Buddhist philosophy, see Juniper, A. (2003) *Wabi Sabi: The Japanese Art of Impermanence*, Tuttle Publishing, Boston, pix.

4 For example, Sufism, see Williams, A. (trans) (2006) *Rumi: Spiritual Verses: The First Book of the Masnavi-ye Ma'navi*, Penguin Books, London, p8.

5 Polanyi, M. (1966) *The Tacit Dimension*, Doubleday and Company Inc, Garden City, NY, p4.

6 Borgmann, A. (2003) *Power Failure;Christianity in the Culture of Technology*, Brazos Press, Grand Rapids, MI, p22.

7 Csikszentmihalyi (1990) *Flow: The Psychology of Optimal Experience*, HarperCollins, New York, pp55-56.

8 Nhat Hanh, T. (1995) *Living Buddha, Living Christ*, Riverhead Books, New York, pp10-11.

9 Shibayama, Z. (1970) *A Flower Does Not Talk: Zen Essays*, Charles E. Tuttle Co Inc, Tokyo, p28.

10 Muelder Eaton, M. (2001) *Merit: Aesthetic and Ethical*, Oxford University Press, Oxford, p10.

11 Arnold, S., Herrick, L. M., Pankratz, V. S. and Mueller, P.S. (2007) 'Spiritual well-being, emotional distress, and perception of health after a myocardial infarction', *The Internet Journal of Advanced Nursing Practice*, vol 9, no 1, accessed 12 February 2010.

12 Cottingham, J. (2005) *The Spiritual Dimension: Religion, Philosophy and Human Value*, Cambridge University Press, Cambridge, p140.

13 Schor, J. (2006) 'Learning Diderot's lesson: Stopping the upward creep of desire', in T. Jackson (ed) *The Earthscan Reader in Sustainable Consumption*, Earthscan, London, pp178, 187-188.

14 Whittle, K. (2006) *Native American Fetishes, Carvings of the Southwest, second edition*, Schiffer Publishing Ltd, Atglen, PA, p6.

15 Whittle, K. (2006) *Native American Fetishes, Carvings of the Southwest, second edition*, Schiffer Publishing Ltd, Atglen, PA, pl3.

16 Lovelock, J. (2007) *The Revenge of Gaia: Why the Earth is Fighting Back and How We Can Still Save Humanity*, Penguin Books, London, p20.

17 Whittle, K. (2006) *Native American Fetishes, Carvings of the Southwest,* second edition, Schiffer Publishing Ltd, Atglen, PA, p15.

18 Bahti, M. (1999) *Spirit in Stone: A Handbook of Southwest Indian Animal Carvings and Beliefs*, Treasure Chest Books, Tucson, AZ, p19.

19 Papanek, V. (1996) *The Green Imperative, Thames & Hudson*, New York, pp52, 234.

20 Juniper, A. (2003) *Wabi Sabi: The Japanese Art of Impermanence*, Tuttle Publishing, Boston, ppix, 1.

21 Koren, L. (1994) *Wabi-Sabi for Artists, Designers, Poets & Philosophers*, Stone Bridge Press, Berkeley, pp15, 18.

22 Moriguchi, Y. and Jenkins, D. (trans) (1996) *Hojoki: Visions of a Torn World*, Stone Bridge Press, Berkeley, p32.

23 Koren, L. (1994) *Wabi-Sabi for Artists, Designers, Poets & Philosophers*, Stone Bridge Press, Berkeley, pp25-29.

24 Koren, L. (1994) *Wabi-Sabi for Artists, Designers, Poets & Philosophers*, Stone Bridge Press, Berkeley, pp41, 46.

25 Okakura, K. (1906) *The Book of Tea*, 1989 edition, Kodansha International, Tokyo, pp70, 101.

26 Sen XV, S. (1989) 'Introduction' and 'Afterword', in K.Okakura (1906) *The Book of Tea*, 1989 edition, Kodansha International, Tokyo, pp21, 139.

27 Okakura, K. (1906) *The Book of Tea*, 1989 edition, Kodansha International, Tokyo, pp50-61.

28 Farrer, W.and Brownbill, J. (eds) (1914) 'Townships: Over Wyresdale', *A History of the County of Lancaster: Volume 8*, pp76-79, British History Online, accessed 6 February 2010.

29 Charles Dickens published his novel *Hard Times–For these Times*, better known simply as *Hard Times*, in 1854 following its serialization in Dickens' own weekly journal *Household Words* during the summer of 1854.The novel is set against the industrial backdrop of a northern England milltown of the mid-19th century and recounts the appalling living and working conditions of the industrial poor caused by the single-minded pursuit of productivity, growth and profit.It also berates the then prevalent utilitarian philosophy, which paid little heed to the human imagination and regarded people as mere cogs in an industrial system rather than as full human beings.

30 Day, C. (2002) *Spirit and Place*, Elsevier, Amsterdam, p29.

31 Branzi, A. (2009) *Grandi Legni*, Design Gallery Milano and Nilufar, Milan, Italy, exhibition catalogue for Grandi Legni exhibition, Galerie Alaïa, Paris, 10 December 2009-16 January 2010.

32 Richie, D. (2007) *A Tractote on Japanese Aesthetics*, Stone Bridge Press, Berkeley, p33.

33 Branzi, A. (2009) *Grandi Legni*, Design Gallery Milano and Nilufar, Milan, Italy, exhibition catalogue for Grandi Legni exhibition, Galerie Alaïa, Paris, 10 December 2009-16 January 2010.

34 Otto, R. (1923) *The Idea of the Holy*, Oxford University Press, Oxford, p2.

35 Eagleton, T. (2009) *Reason, Faith and Revolution: Reflections on the God Debate*, Yale University Press, New Haven, pp91, 121.

12 Wordless Questions—the physical, the virtual and the meaningful

1 Eagleton, T. (2009) *Reason, Faith and Revolution: Reflections on the God Debate*, Yale University Press, New Haven, p28.

2 Hobsbawm, E. (1962) *The Age of Revolution: Europe 1789-1848*, Abacus, London, pp297-298, 355.

3 Brookner, A. (2000) *Romanticism and its Discontents*, Farrar, Straus and Giroux, New York, ppl, 7.

4 Hobsbawm, E. (1962) *The Age of Revolution: Europe 1789-1848*, Abacus, London, p355.

5 Leonard, A. (2010) *The Story of Stuff*, Constable & Robinson Ltd, London, pp73, 78-79.

6 Comte-Sponville, A. (2008) *The Book of Atheist Spirituality*, trans N.Huston, Penguin Books, London, p140.

7 Hill, P. C., Pargament, K. I., Hood Jr, R. W., McCullough, M. E., Swyers, J. P., Larson, D. B.and Zinnbauer, B. J. (2000) 'Conceptualizing religion and spirituality: Points of commonality, points of departure', *Journal for the Theory of Social Behaviour*, vol 30, no 1, pp51-77.

8 Giordan, G. (2009) 'The body between religion and spirituality', Social Compass, vol 56, no 2, pp226-236.

9 McGrath, A. E. (1999) *Christian Spirituality*, Blackwell Publishing, Oxford, p2.

10 Holloway, R. (2004) *Looking in the Distance: The Human Search for Meaning*, Canongate, Edinburgh, p7.

11 Eagleton, T. (2009) *Reason, Faith and Revolution: Reflections on the God Debate*, Yale University Press, New Haven, p7.

12 Holloway, R. (2004) *Looking in the Distance: The Human Search for Meaning*, Canongate, Edinburgh, p31.

13 For example, Schneiders, S.M. (2003) 'Religion vs spirituality: A contemporary conundrum', *Spiritus: A Journal of Christian Spirituality*, vol 3, no 2, pp163-185.

14 King, U. (2009) *The Search for Spirituality: Our Global Quest for Meaning and Fulfilment*, Canterbury Press, Norwich, p3.

15 Schneiders, S.M. (2003) 'Religion vs spirituality: A contemporary conundrum', *Spiritus: A Joumal of Christian Spirituality*, vol 3, no 2, pp163-185.

16 Comte-Sponville, A. (2008) *The Book of Atheist Spirituality*, trans N.Huston, Penguin Books, London, p27.

17 Eagleton, T. (2009) *Reason, Faith and Revolution: Reflections on the God Debate*, Yale University Press, New Haven, p69.

l8 Schneiders, S.M. (2003) 'Religion vs spirituality: A conternporory conundrum', *Spiritus: A Journal of Christian Spirituality*, vol 3, no 2, pp163-185.

19 Borgmann, A. (2003) *Power Failure: Christianity in the Culture of Technology*, Brazos Press, Grand Rapids, MI, p81.

20 Comte-Sponville, A. (2008) *The Book of Atheist Spirituality*, trans N. Huston, Penguin Books, London, p160.

21 King, U. (2009) *The Search for Spirituality: Our Global Quest for Meaning and Fulfilment*, Canterbury Press, Norwich, p3.

22 Lynch, G. (2007) *The New Spirituality: An Introduction to Progressive Belief in the Twenty-first Century*, I. B. Tauris, London, p35.

23 Porritt, J. (2007) *Capitalism as if the World Matters*, Earthscan, London, p169.

24 Schneiders, S.M. (2003) 'Religion vs spirituality: A contemporary conundrum', *Spiritus: A Journal of Christian Spirituality*, vol 3, no 2, pp163-185.

25 Cottingham, J. (2005) *The Spiritual Dimension: Religion, Philosophy and Human Value*, Cambridge University Press, Combridge, pp3-4.

26 Hill, P. C., Pargament, K. I., Hood Jr, R. W., McCullough, M. E., Swyers, J. P., Larson, D. B.and Zinnbauer, B. J. (2000) 'Conceptualizing religion and spirituality: Points of commonality, points of departure', *Journal for the Theory of Social Behaviour*, vol 30, no 1, pp51-77.

27 Leonard, A. (2010) *The Story of Stuff*, Constable & Robinson Ltd, London, pp237-238.

28 IDSA (2010) Industrial Designers Society of America, accessed 8 June 2010.

29 Heskett, J. (1980) *Industrial Design*, Thames & Hudson, London, pll.

30 Bakan, J. (2004) *The Corporation: The Pathological Pursuit of Profit and Power*, Constable, London, pp28, 60, 84.

31 Leonard, A. (2010) *The Story of Stuff*, Constable & Robinson Ltd, London, pp237-238.

32 Dormer, P. (1993) *Design Since 1945*, Thames & Hudson, London, p69.

33 Greenlees, R. (2010) Crafts Council Director, quoted at *What is Craft* ?, Victoria and Albert Museum, London, accessed 8 June 2010.

34 Wallace, J. (2010) 'Emotionally charged: A practice-centred enquiry of digital jewellery and personal emotional significance', PhD thesis, accessed 12 July 2010.

35 Roux, C. (2010) *Crafts Magazine, quoted at What is Craft?*, Victoria and Albert Museum, London, accessed 8 June 2010.

36 Crafts Council (2010) *Collections and Exhibitions,* Crafts Council, London, accessed 8 June 2010.

37 Abrahams, C. (2008) quoted in *Craft Matters*, Cralts Council, London, accessed June 2010.

38 Branzi, A (2009) *Grandi Legni*, Design Gollary Milono and Nilufar, Milan, Italy, exhibition catalogue for Grandi Legni exhibition, Golerie Alaïa, Paris, 10 December 2009-16 January 2010.

39 Chaturvedi, U. (2010) managing director, Corus Strip Products UK, Tata Group, personal discussion 18 June 2010, and Business Weekly interview, BBC World Service, London, broadcast 7 May 2010.

13 Epilogue

1 Eagleton, T. (2009) *Reason, Faith and Revolution: Reflections on the God Debate*, Yale University Press, New Haven, pp143, 146.

2 Gray, J. (2009) Gray's *Anatomy: Selected Writing*, Penguin Books, London, pp307-310.

3 *The Disclosure of Climate Data from the Climatic Research Unit at the University of East Anglia*, House of Commons Science and Technology Committee, Her Majesty's Stationery Office, London, 31 March 2010, accessed 30 October 2010.

4 Leake, J. and Hastings, C. (2010) 'World misled over Himalayan glacier meltdown'[referring to errors in the International Panel on Climate Change (IPCC) 2007 report], *The Sunday Times*, 17 January 2010, accessed 20 January 2010.

5 Weber, E. (1999) *Apocalypses: Prophecies, Cults and Millennial Beliefs Throughout the Ages*, Random House, London, p48.

6 Eagleton, T. (2009) *Reason, Faith and Revolution: Reflections on the God Debate*, Yale University Press, New Haven, pp109, 139.

7 Musa, M. (trans) (1995) '*The Divine Comedy*: Inferno, Canto l: 121-122', in *The Portable Dante*, Penguin Books, London, p8.

Sources of quotations at the beginning of each chapter

Ch.

1	John Milton	*Paradise Lost*, 1667
2	John Ruskin	*The Two Paths*, 1859
3	Evelyn Waugh	*Brideshead Revisited*, 1945
4	William Wordsworth	*Lines Written a Few Miles above Tintern Abbey*, 1798
5	Rainer Maria Rilke	*Letters to Clara*, 1907
6	William Shakespeare	*As You Like It*, 1623
7	Charles Taylor	*A Secular Age*, 2007
8	Roland Barthes	*Mythologies*, 1957
9	Robert Louis Stevenson	*The Lantern Bearers*, 1888
10	Ovid	*Metamorphoses*, 1st century
11	Dalai Lama XIV	*How to see yourself as you really are*, 2007
12	G. K. Chesterton	*Orthodoxy*, 1908
13	Eric Hobsbawm	*The Age of Revolution*, 1962
14	Idries Shah	*Caravan of Dreams*, 1968

参考文献

Achemeimastou-potmaianou, M. (1987) *From Byzantium to El Greco: Greek frescoes and Icons*, The Theology and Spirituality of the Icon by Rt. Rev. Dr. Kallistos Ware, Greek Ministry of Culture, Athens, Greece.

Ades, D., N. Cox and D. Hopkins (1999) *Marcel Duchamp*, 'World of Art' series, Thames & Hudson, London, UK.

Armstrong, K. (2005) *A Short History of Myth*, Canongate Books Ltd, Edinburgh, UK.

Armstrong, K. (2006) *The Great Transformation,* Atlantic Books, London, UK.

Bahti, M. (1999) *Spirit in Stone: A Handbook of Southwest Indian Animal Carvings and Beliefs*, Treasure Chest Books, Tucson, AZ, USA.

Bakan, J. (2004) *The Corporation: The Pathological Pursuit of Profit and Power*, Constable, London, UK.

Bakhtiar, L. (1976) *SUFI: Expression of the Mystical Quest* (Part 3: Architecture and Music) , Thames & Hudson, London, UK.

Beattie, T. (2007) *The New Atheists*, Darton, Longman and Todd, London, UK.

Beatty, L. (1939) *The Garden of the Golden Flower: The Journey to Spiritual* Fulfilment, Senate, Random House, London, UK.

Bhamra, T. and Lofthouse, V. (2007) *Design for Sustainability: A Practical Approach*, Gower, Aldershot, UK.

Borgmann, A. (1984) *Technology and the Character of Contemporary Life: A Philosophical Inquiry*, University of Chicago Press, Chicago, IL, USA.

Borgmann, A. (2003) *Power Failure: Christianity in the Culture of Technology*, Brazos Press, Baker Books, Grand Rapids, MI, USA.

Branzi, A. (2009) *Grandi Legni*, Design Gallery Milano and Nilufar, Milan, Italy, exhibition catalogue for 'Grandi Legni' exhibition, Galerie Alaïa, Paris, France.

Brookner, A. (2000) *Romanticism and its Discontents*, Farrar, Straus and Giroux, New York, NY, USA.

Brooks, R. (2000) *Blowing Zen: Finding an Authentic Life*, H. J. Kramer Inc, Tiburon, CA, USA.

Brown, T. (2009) *Change by Design*, HarperCollins, New York, NY, USA.

Buchanan, R. and Margolin, V. (eds) (1995) *Discovering Design: Explorations in Design Studies*, University of Chicago Press, Chicago, IL, USA.

Cage, J. (1961) *Silence: Lectures and Writing by John Cage*, Wesleyan University Press, Hanover, NH, USA.

Calais, E. (2007) Samboo's Grave, in *From a Slow Carriage*, Road Works Publ, Lancaster, UK, 2007.

Carey, J. (2005) *What Good Are The Arts*, Faber and Faber, London, UK.

Chapman, J. (2005) *Emotionally Durable Design: Objects, Experiences and Empathy*, Earthscan, London, UK.

Chesterton, G. K. (1908) *Orthodoxy*, 2001 edition by Image Books, Random House, New York, NY, USA.

Comte-Sponville, A. (2008) *The Book of Atheist Spirituality*, Bantam, Random House, London.

Cottingham, J. (2005) *The Spiritual Dimension: Religion, Philosophy and Human Value*, Cambridge University Press, Cambridge, UK.

Cross, N. (2006) *Designerly Ways of Knowing,* Springer, New York, NY, USA.

Csikszentmihalyi (1990) *Flow: The Psychology of Optimal Experience*, HarperCollins, New York, NY, USA.

Cunliffe, H. (2004) *The Story of Sunderland Point: From the Early Days to Modern Times*, R. W. Atkinson, Sunderland Point, Lancashire, UK.

Daly, H. (2007) *Ecological Economics and Sustainable Development*, Edward Elgar Publishing, Cheltenham, UK.

Davison, A. (2001) *Technology and the Contested Meanings of Sustainability*, State University of New York Press, Albany, NY, USA.

Day, C. (2002) *Spirit and Place*, Architectural Press, London, UK.

De Botton, A. (2004) *Status Anxiety*, Penguin Books, London, UK.

De Ferranti, H. (2000) *Japanese Musical Instruments*, Oxford University Press (China) Ltd, Hong Kong.

De Graaf, J. , Wann, D. and Naylor, T. H. (2001) *Affluenza: The All Consuming Epidemic*, Berrett-Koehler Publishers Inc, San Francisco, CA, USA.

Dictionary of Quotations (1998) Wordsworth Reference Series, Wordsworth Editions Ltd, Ware, Herts, UK.

Dormer, P. (1993) *Design since 1945*, Thames & Hudson, London, UK.

Dormer, P. (1997) *The Culture of Craft: Status and Future*, Manchester University Press, Manchester, UK.

Dunne, A. (2005) *Hertzian Tales: Electronic Products, Aesthetic Experience, and Critical Design*, Camnbridge, MA, USA.

Eagleton, T. (2009) *Reason, Faith and Revolution: Reflections on the God Debate*, Yale University Press, New Haven, CT, USA.

Easwaran, E. (1978) *Meditation: Commonsense Directions for an Uncommon Life*, Arkana, Penguin Books edition(1986) , London, UK.

Elkington, J. (1998) *Cannibals with Forks: The Triple Bottom Line of 21st Century Business*, New Society Publishers, Gabriola Island, BC, Canada.

Feenberg, A. (2002) *Transforming Technology: A Critical Theory Revised*, Oxford University Press, Oxford, UK.

Feng, G. F and English, J. (trans) (1989) *Tao Te Ching, by Lao Tsu*, Vintage Books, Random House, New York, NY, USA.

Fry, T. (2009) *Design Futuring: Sustainability, Ethics and New Practice*, Berg, Oxford, UK.

Fuad-Luke, A. (2009) *Design Activism*, Earthscan, London, UK.

Gladwell, M. (2005) *Blink: The Power of Thinking Without Thinking*, Back Bay Books/Little, Brown and Co, New York, NY, USA.

Gray, J. (2009) Gray's Anatomy: Selected Writing, Penguin Books, London, UK.

Grayling, A. C. (2001) *The Meaning of Things*, Orion Books, London, UK.

Grayling, A. C. (2006) *The Form of Things*, Weidenfeld & Nicholson, London, UK.

Griffith, T. (trans) (1986) Symposium of Plato, University of California Press, Berkeley, CA, USA.

Hague, W. (2007) *William Wilberforce: The Life of the Great Anti-Slave Trade Campaigner*, HarperCollins, London, UK.

Hamel, G. (2007) *The Future of Management*, Harvard Business School Press, Boston, MA, USA.

Hannah, G. G. (2002) *Elements of Design*, Princeton Architectural Press, New York, NY, USA.

Hawken, P. , Lovins, A. and Lovins, L. H. (1999) *Natural Capitalism*, Little, Brown & Co, New York, NY, USA.

Hawken, P. (2007) *Blessed Unrest*, Viking, Penguin Group, New York, NY, USA.

Herbert, D. ed(1981) *Everyman's Book of Evergreen Verse*, Dent, London, UK.

Heskett, J. (1986) *Industrial Design*, Thames & Hudson, London, UK.

Hick, J. (1989) *An Interpretation of Religion: Human Responses to the Transcendent*, Yale University Press, New Haven, CT, USA.

Hobsbawm, E. (1962) *The Age of Revolution: Europe 1789-1848*, Abacus, London, UK.

Hobsbawm, E. J. (1968) *Industry and Empire*, Penguin Books, London, UK.

Holloway, R. (2004) *Looking in the Distance: The Human Search for Meaning*, Canongate, Edinburgh, UK.

Hughes, R. (1987) *The Fatal Shore*, Collins Harvill, London, UK.

Hughes, R. (2006) *Things I Didn't Know: A Memoir*, Alfred Knopf, New York, NY USA.

Humphreys, C. (1949) *Zen Buddhism*, William Heinemann Ltd, London, UK.

Iyer, R. (1993) *The Essential Writing of Gandhi,* Oxford University Press, Delhi, India.

Jackson, T. ed(2006) The Earthscan Reader in Sustainable Consumption, Earthscan, London, UK.

James, W. (1899) *Pragmatism and Other Writings*, Gunn, G. (ed) , Penguin Books, London, UK, 2000.

Jamison, C. (2008) *Finding Happiness: Monastic Steps for a Fulfilling Life*, Weidenfeld & Nicolson, London, UK.

Juniper, A. (2003) *Wabi Sabi:The Japanese Art of Impermanence*, Tuttle Publishing, Boston, MA, USA.

King, U. (2009) *The Search for Spirituality: Our Global Quest for Meaning and Fulfilment*, Canterbury Press, Norwich, UK.

Klein, N. (2000) *No Logo*, Vintage Canada, Random House, Toronto, ON, Canada.

Koren, L. (1994) *Wabi-Sabi for Artists, Designers, Poets & Philosophers*, Stone Bridge Press, Berkeley, CA, USA.

Korten, D. C. (1999) *The Post-Corporate World: Life After Capitalism*, Berrett-Koehler Publishers, San Francisco, CA and Kumarian Press Inc, West Hartford, CT, USA.

Korten, D. C. (2001) *When Corporations Rule the World*, second edition, Kumarian Press Inc, Bloomfield, Connecticut and Berrett-Koehler Publishers Inc, San Francisco, CA, USA.

Korten, D. C. (2006) *The Great Turning: From Empire to Earth Community*, co-published by Kumarian Press Inc, Bloomfield, CT and Berrett-Koehler Publishers Inc, San Francisco, CA, USA.

Lanier, J. (2010) *You Are Not A Gadget*, London, UK: Allen Lane, Penguin Group, London, UK.

Lansley, S. (1994) *After the Gold Rush: The Trouble with Affluence: 'Consumer Capitalism' and the Way Forward*, Century Business Books, Random House, London, UK.

Lau, D. C. (1979) *Confucius: The Analects*, Penguin Books, London, UK.

Leonard, A. (2010) *The Story of Stuff*, Constable and Robinson Ltd, London, UK.

Lerner, M. (1996) *The Politics of Meaning*, Addison Wesley Publishing, Reading, MA, USA.

LeShan, L. (1974) *How to Meditate*, Bantam Books, New York, NY, USA.

Lovelock, J. (2007) *The Revenge of Gaia: Why the Earth is Fighting Back and How We Can Still Save Humanity*, Penguin Books, London, UK.

Lynch, G. (2007) *The New Spirituality: An Introduction to Progressive Belief in the Twenty-first Century*, I. B. Tauris, London, UK.

Malm, W. P(2000) *Traditional Japanese Music and Musical Instrum: The New Edition*, Kodansha Internationol, Tokyo, Japan.

Margolin, V. (2002) *The Politics of the Artificial. Essays on Design and Design Studies*, The Universily of Chicago Press, Chicago, IL, USA

Martin, C. (2006) *A Glimpse of Heaven*, Foreword by Cardinal Cormac Murphy-O'Connor, English Heritage, Swindon, UK.

Mascaró, J. (trans) (1965) *The Upanishads*, Penguin Books, London, UK.

McCabe, H. (2005) *The Good Life: Ethics and the Pursuit of Happiness*, Continuum, London, UK.

McDonough, W. and M. Braungart(2001) *Cradle to Cradle: Remaking the Way We Make Things*, Douglas & Mclntyre, Vancouver, BC, Canada.

McGrath, A. E. (1999) *Christian Spirituality*, Blackwell Publishing, Oxford, UK.

Meisel, A. C. and del Mastro, M. L. , (trans) (1975) *The Rule of St. Benedict*, Doubleday, New York, NY, USA.

Miller, V. J. (2005) *Consuming Religion*, Continuum, New York, NY, USA.

Moriguchi, Y.and Jenkins, D. (trans) (1996) *Hojoki: Visions of a Torn World*, Stone Bridge Press, Berkeley, CA, USA.

Muelder Eaton, M. (2001) *Merit: Aesthetic and Ethical*, Oxford University Press, Oxford, UK.

Musa, M. (trans) (1995) *The Divine Comedy: Inferno, Canto I: 121-122*, in The Portable Dante, Penguin Books, London, UK.

Needleman, J. (1994) *The Indestructible Question: Essays on Nature, Spirit and the Human Paradox*, Arkana, Penguin Group, London, UK.

Nes, S. (2004) *The Mystical Language of Icons*, Canterbury Press, Norwich, UK.

Nhat Hanh, T. (1995) *Living Buddha, Living Christ*, Riverhead Books, New York, NY, USA.

Northcott, M. S. (2007) *A Moral Climate: The Ethics of Global Warming*, Darton, Longman and Todd, London, UK.

O'Doherty, B. (1986) *Inside the White Cube:the Ideology of the Gallery Space*, The Lapis Press, Santa Monica, CA, USA.

Okakura, K. (1906) *The Book of Tea*, Kodansha International, Tokyo, Japan（1989 edition）.

Otto, R. (1923) *The Idea of the Holy*, Oxford University Press, Oxford, UK.

Papanek, V. (1996) *The Green Imperative*, Thames and Hudson, New York, NY, USA.

Polanyi, M. (1966) *The Tacit Dimension*, Doubleday and Company Inc, Garden City, NY, USA.

Porritt, J. (2007) *Capitalism as if the World Matters*, Earthscan, London, UK.

Proud, L. (2000) *Icons: A Sacred Art*, Jarrold Publ. , Norwich, UK.

Ralston Saul, J. (2005) *The Collapse of Globalism and the Reinvention of the World*, Viking Canada, Penguin Group, Toronto, ON, Canada.

Ramakers, R. (ed) (2004) *Simply Droog: 10+1 Years of Creating Innovation and Discussion*, Droog Publishing, Amsterdam, The Netherlands.

Ratzinger, J. (2007) *Jesus of Nazareth*, Doubleday, London, UK.

Richie, D. (2007) *A Tractate on Japanese Aesthetics*, Stone Bridge Press, Berkeley, CA, USA.

Robèrt, K. H. (2002) *The Natural Step Story: Seeding a Quiet Revolulion*, New Society Publishers, Gabriola Island, BC, Canada.

Robert Rauschenberg: On and Off the Wall(2006) [exhibition catalogue], Musée d'Art moderne et d'Art contemporain, Nice, France.

Scharmer, C. O. (2009) *Theory U: Leading from the Future as it Emerges*, Berrett-Koehler Publishers, Inc, San Francisco, CA, USA.

Schumacher, E. F. (1979) *Good Work*, Abacus, London, UK.

Senge, P. , Scharmer, C. O. , Jaworski, J. , and Flowers, B. S. (2005) *Presence: Exploring Profound Change in People, Organizations, and Society*, Nicholas Brealey Publishing, London, UK.

Senge. P. , Smith, B. , Kruschwitz, N. , Laur, J. and Schley, S. (2008) *The Necessary Revolution: How Individuals and Organizations Are Working Together to Create a Sustainable World*, Nicholas Brealey Publishing, London, UK.

Shibayama, Z. (1970) *A Flower Does Not Talk: Zen Essays*, Charles E. Tuttle Co. Inc, Tokyo, Japan.

Sim, S. (ed) (1998) *The Icon Critical Dictionary of Postmodern Thought*, Icon Books, Cambridge, UK.

Smart, N. and Hecht, R. D. (eds) (1982) *Sacred Texts of the World: A Universal Anthology*, Macmillan Publishers Ltd. , London, UK.

Snow, J. (1977) *These Mountains are our Sacred Places: The Story of the Stoney*, Samuel Stevens, Toronto, ON, Canada.

Sparke, P. (1995) *As Long as it's Pink–The Sexual Politics of Taste*, HarperCollins, London, UK.

Sparke, P. (2004) *An Introduction to Design and Culture, 1900 to the Present*, second edition, Routledge, London, UK.

Steindl-Rast, D. and S. Lebell. (2002) *Music of Silence: A Sacred Journey through the Hours of the Day*, Seastone, Berkeley, CA, USA.

St. Paul, M. Sr. (2000) *Clothed with Gladness: The Story of St. Clare*, Our Sunday Visitor Inc, Huntington, IN, USA.

Stryk, L. (trans) (1985) *On Love and Barley: Haiku of Basho*, Penguin Books, London, UK.

Tarnas, R. (1991) *The Passion of the Western Mind: Understanding the Ideas that have Shaped Our Worldview*, Harmony Books, New York, NY, USA.

Taylor, C. (2007) *A Secular Age*, The Belknap Press of Harvard University Press, Cambridge, MA, USA.

Thackara, J. (2005) *In the Bubble: Designing in a Complex World*, MIT Press, Cambridge, MA, USA.

Thompson, D. (2006) *Tools for Environmental Management: A Practical Introduction and Guide*, University of Calgary Press, Calgary, AB, Canada.

Thoreau, H. D. (1854) *Walden and Civil Disobedience*, Penguin Books, New York, NY, USA, 1983.

Tredennick, H. and Tarrant, H. (trans) (1954) *The Last Days of Socrates* by Plato, Penguin Books, London, UK.

Van der Ryn, S. and Cowan, S. (1996) *Ecological Design*, Island Press, Washington DC, USA.

Verbeek, P-P. (2005) *What Things Do: Philosophical Reflections on Technology, Agency and Design*, Penn State University Press, PA, USA.

Visocky O'Grady, J. and Visocky O'Grady, K. (2006) *A Designer's Research Manual*, paperback edition 2009, Rockport Publ Ltd, Beverly, MA, USA.

Von Hippel, E. (2005) *Democratizing Innovation*, The MIT Press, Cambridge, MA, USA.

Walker, J. A. and Chaplin, S. (1997) *Visual Culture*, Manchester University Press, Manchester, UK.

Walker, S. (2006) *Sustainable by Design: Explorations in Theory and Practice*, Earthscan/James & James Science Publishers, London, UK.

Waters, L. (2004) *Enemies of Promise*, Prickly Paradigm Press, Chicago, IL, USA.

WCED(1987) *Our Common Future*, World Commission on Environment and Development, Oxford University Press, Oxford, UK.

Weber, E. (1999) *Apocalypses: Prophecies, Cults and Millennial Beliefs Throughout the Ages*, Pimlico, Random House, London, UK.

Whittle, K. (2006) *Native American Fetishes, Carvings of the Southwest,* second edition, Schiffer Publ Ltd, Atglen, PA, USA.

Wilkinson, R. and K. Pickett(2009) *The Spirit Level: Why More Equal Societies Almost Always Do Better*, Allen Lane, Penguin Books, London, UK.

Williams, A. (trans) (2006) *Spiritual Verses: Rumi*, Penguin Books, London, UK.

Woodham, J. M. (1997) *Twentieth Century Design*, Oxford University Press, Oxford, UK.

图书在版编目（CIP）数据

设计的精神：物品、环境与意义 /（英）斯图亚特
·沃克 (Stuart Walker) 著；李敏敏译 . -- 重庆：重
庆大学出版社，2021.10
（绿色设计与可持续发展经典译丛）
书名原文：The Spirit of Design:Objects,
Environment and Meaning
ISBN 978-7-5624-9831-5

Ⅰ. ①设… Ⅱ. ①斯… ②李… Ⅲ. ①设计学 Ⅳ
① TB21

中国版本图书馆 CIP 数据核字（2016）第 116077 号

绿色设计与可持续发展经典译丛

设计的精神：物品、环境与意义
SHEJI DE JINGSHEN: WUPIN HUANJING YU YIYI

［英］斯图亚特·沃克（Stuart Walker） 著

李敏敏 译

策划编辑：张菱芷

责任编辑：张菱芷 装帧设计：琢字文化

责任校对：刘雯娜 责任印制：赵 晟

*

重庆大学出版社出版发行

出版人：饶帮华

社址：重庆市沙坪坝区大学城西路 21 号

邮编：401331

电话：（023）88617190 88617185（中小学）

传真：（023）88617186 88617166

网址：http://www.cqup.com.cn

邮箱：fxk@cqup.com.cn（营销中心）

全国新华书店经销

重庆共创印务有限公司印刷

*

开本：787 mm×1092 mm 1/16 印张：16 字数：300 千

2021 年 10 月第 1 版 2021 年 10 月第 1 次印刷

ISBN 978-7-5624-9831-5 定价：78.00 元

版贸核渝字（2015）第 078 号